马匹的步下调教

【德】奥利弗·希尔伯格
（Oliver Hilberger） 著

陈荟吉 译

司马明 审

中国农业出版社

北 京

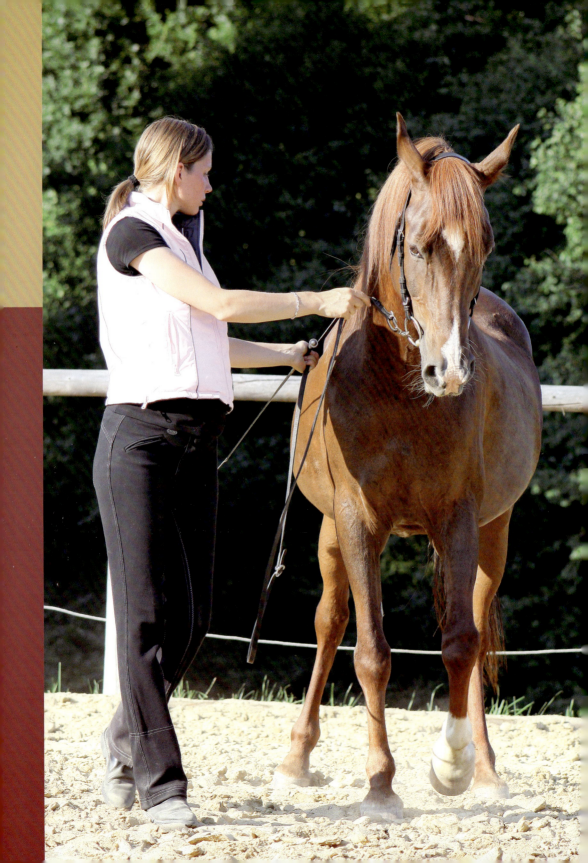

免责声明

　　无论是作者、出版商或任何直接或间接与此书创作相关的人，都不承担任何由参考本书内容练习而导致的意外或损伤的责任。

　　本书中所展示的骑手没有佩戴骑手帽。读者应确保自身穿着佩戴合适的安全装备：实施步下调教时，穿戴结实的马靴和手套；骑乘时，按标准要求应佩戴骑手帽、手套，穿马靴或马鞋。如果有必要的话，还可穿着防护衣。

版本说明

Schooling Exercises in-hand: Working towards suppleness and confidence

Copyright © 2011 Cadmos Publishing Limited, Richmond, UK

Copyright of original edition © 2008 Cadmos Verlag GmbH, Schwarzenbek, Germany

ISBN: 978-3-86127-964-8

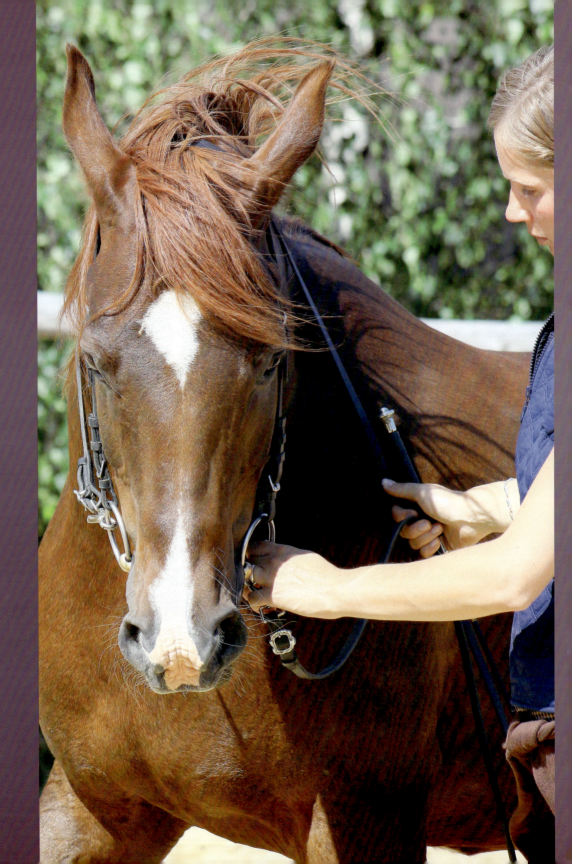

目　　录

介　　　绍

历史上首次记载马匹步下调教内容的书籍出现在16世纪。Antoine de Pluvinel介绍了作为马训练中的常备方案的调教桩方案。后来，步下调教发展到20世纪，并借由François Baucher的造诣发展到巅峰。

随后因骑兵部队的兵力需求受到抑制，所有的步下调教工作也几乎停止。只有一些骑术教育机构，比如维也纳的西班牙皇家马术学校、法国的黑骑士，以及西班牙的安达卢西亚骑术学校还在继续实践着步下调教，并且它们在如今的马匹训练中扮演着非常重要的角色。

鉴于表演的压力，以及普通社会的世俗眼光，对步下调教的认知总是片面且晦涩。常被误认为是那些骑乘技术不佳的人的退路，似乎只有背上驮着鞍具的马才能被认可。事实上，无论如何，没有哪一匹马是生来就会驮载骑手的，也没有一个人生来就是完美的骑手。正因为这个原因，步下工作能够提供给我们一个宝贵的选择方案，并延伸至骑乘。

古典骑术的常备科目中有许多不同的练习和动作，但是，对于绝大多数的骑手来说，却是难以达到的，或是要多年练习之后才可能达到。另外，还有些马因为疾病残疾和高龄的限制甚至完全不能骑乘，或骑乘工作变得非常有限，且还要格外小心。常见的打圈工作会很快失去效果，但步下调教可以用定向动作针对特定的肌肉群进行锻炼，使其身体显著且快速地康复并延长寿命。

还有一点要说明：对于希望不断坚持进行步下调教的骑手来说，冬季会有一些严峻的挑战。地面往往被白雪覆盖或冰冻变硬，并不是每个人都有室内场地供其任意使用。而且，即便室外场地的条件不错，许多骑手也会陷入一个单调乏味的工作循环模式，直到某一天，无论训练或是野外骑乘，都变得缺乏动力，缺乏享受。所有以上情况，步下调教都可以提供给你一个明智的解决方案。

无论你的骑乘水平如何，本书介绍的练习可提供给任何人一个切实可行

经过步下调教过的马在骑乘中可以更加流畅和柔软地骑乘。

的途径来使马更弯曲并柔软，帮它为迎接更高级的动作做好准备。步下调教不仅可以提供一个可供选择的方案，也是骑术的延伸。

转变你的马

业余骑手通常只有一匹属于她/他自己的马！在这一爱好里，骑手投入了大量的时间和金钱，最重要的是，她/他和马的情感是紧密相连的。因此，仔细地考虑如何让我们四条腿的朋友保持健康是非常合乎情理的。步下调教可以在此方面做出很可观的贡献。你可能经常认为自己对马的长处、短处及特质——它们独一无二

的性格都了如指掌，然而一旦你开始用步下调教训练你的马，它会很快提高，不仅在身体方面，还有心智方面。懒惰的马会变得更活跃，紧张的马会变得更冷静，尤其是它们的自信心得到增长。

当你与马并肩工作时，你会因它的转变而感到惊讶，随着日益增长的柔韧性和灵活性，它会越来越多地投入到请求的工作中。马需要获得一个在更广阔的空间里完全地提升自己的机会。即便是平庸的马也可以绽放自己的光彩，并提高内在的自豪感。

如果你勇于尝试，则有机会改善你的马的生命质量。步下调教会为你创造这个机会。

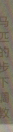

有了步下调教，即使是较低级别的马也可以取得意想不到的高度。

每一匹马都是不同的

　　没有任何一匹马的运动是复制另一匹马的，正因为如此，如果你想让马做出和这本书中一模一样的动作，也是毫无意义的。这本书以这种方式搭建框架，以方便您跟随着每个训练阶段一步步练习，让您在处理自己马的时候能有同样的理念。

除了这一点，会有很多不同之处。您必须尝试制订自己的优先顺序，所以对某些马重复一项练习内容是非常重要的，但换一匹马可能就不是了。这是一个特别的挑战——认清这些细微的差别并运用在你的马身上，成功会更富有特殊意义。

柔软和体操：步下调教的主要目的

玩转平衡

任何与马相关的人都会面临这些词汇——"柔软"或体操训练，但是体操训练的意思是什么？

幸运的是，近几年来即便是业余骑手，都逐渐提高了马可通过柔软工作受益的意识。侧向运动绝对不只是盛装舞步独享的内容。作为业余骑手，你也许不需要比赛，不需要遵循什么规则或条例。你需要遵从你的马为你制订的规则。但保持马的柔软和灵活是骑手的责任，如果可能的话，马即使到了老年也应当一直保持不会使关节产生任何伤痛的方式承载一名骑手。

对于马来说，任何方向上、速度上或步伐中的改变都包含着平衡的改变。这意味着只要通过重心的移动，马就可以做出某种运动，并且根据平衡的变化做出相应的反应。

当马对危险的信号做出逃窜的反应时，它将重量都转移到了肩部，而靠近角落或被困住的马会把重量转移到它的后躯上，扬起前肢来捍卫自己。

观察马在野外玩耍，可以帮助你学习当它们之间在相互攻击和自卫时平衡是如何转移的。它们毫不费力且带着乐趣地训练自己的身体反射动作、肌肉、技能和平衡感。在日常的玩闹中，为了能在与对手的斗争中求得胜利/生存保存优势，或公马想要赢取母马群，它们会让身体保持柔软。

锻炼并维持身体柔软的倾向是根植在马天性中的——我们作为驯马师，要能够提升并支持这一特质，它就是最可行的先决条件。

从马的角度来看，有一个更为重要的生效要点：随着柔软的提高，肌肉变得强壮，承载重量的能力增强，马会发生一个心理上的变化。它会变得更加强壮，更加自信，并更有意识地使用它

充满自信的马——它是从内而外地成长。

新学习的技巧。每一个练习都会让马变得更加敏捷，它内在的自信逐渐成长，平衡感提高，承载能力得到训练。越多地训练它的后躯，它的平衡点就越多地朝向臀部后下方转移。身体状态与精神状态的互动作用发生了：逃窜的本能将逐渐缓解，从肩部推开，自信心增强。从它的视角看，这已经成为了体操练习的一个目标。

　　盛装舞步将培育、完善并提高马的天然动作，并作为自身的责任。每一个身体的姿势都有对应匹配的情绪。一匹处于收缩的马与野外吃着草的马有截然不同的心理状态，所以起始点就是马的心境，透过它的身体表达出来。

　　任何盛装舞步骑手的目的和意图都是训练一匹马直至最完美的高度。最彻底的体现是马通过高级调教动作透露出它运动的愉悦感、自信和骄傲。

　　作为业余骑手，虽然体操训练不是盛装舞步，但体操训练也是需要被留意和关注的。体操训练对于马来说意义重大——马理解并获得更有效的承载骑手的能力。从这一角度来看，这是一个相对简单的强化和训练马的方式。体操训练使马"自主"，促进它能力的提升，用情感赋予它的动作生命力，并激发它强健体能的意愿。

通过经验、观察和科学研究，很早以前人类就已经探索出如何以体操方式训练马：转向、弯曲、肩内、斜横步、皮亚夫——这些已经被创造出来的术语，被如今的盛装舞步骑手理解为"动作"。每一位骑手都知道，马的身体不是天生用来背负重物的，水平的脊椎不是一个最佳的载重平台。因此，人类需要进行干预来帮助马。不幸的是，这一"帮助"往往恶化成为蛮力，且作用效果与原本意图背道而驰。与其说是锻炼马的身体，不如说是限制并扰乱了马的常态。

如果马依据自身的条件会发生什么呢？首先考虑的是身体因素，比如年龄、体能、身体构造失格、发展阶段和肌肉系统。作为马的训练师，你必须学习识别并决定什么对你的马好，什么对它的身体、肌肉、关节、肌腱有好的影响。什么对它来说是简单的，什么是需要帮助来完成的。你需要留心的地方有哪些，以防止对马造成伤害。

其次需要考虑的是心理因素：性格、心情和经验——简而言之，它的内在。比如，围绕着马术场地追赶一匹紧张的马狂奔，是明智的做法吗？如果马意识到这是体操训练，那么一切都将容易得多！肩内不再只是一个盛装舞步中的考核动作，而是一个锻炼臀部有效的途径，强健肌肉，尤其能逐渐发展成为一匹骄傲、自信、健康的骏马，且到晚年也依然保持健美。对于骑手的附加帮助，马通过某种方式得以强化，使其背部能够承载更多的重量，而不造成伤痛，没有长期危害，更不会让马想逃避或逃跑。当然，进一步的发展和优化这些动作，并带领它们达到登峰造极的高度都是可以实现的。但是绝不能退化成为没有灵魂的练习。盛装舞步首先是基于马的体操训练而设计的，对马的心理是一种美妙的体验。

"当马能做到自我承载时，当它想要炫耀自己的最大优势时，意味着你获得了一匹对骑乘愉悦、杰出的、自豪的且值得一看的马。"

这一常被引用的语句摘自希腊骑术大师 Xenophon 的著作 *The Art of Horsemanship*。难道他的描述还不足以表达体操训练的精髓吗？人类可以帮助马展现最美丽的姿态。快乐、壮丽、自豪的情感不是逼迫出来的。若想实现这些，必须建立基础，一切皆源于此，而步下调教便提供了这样一个基石。

在玩耍中你不需要特意工作去获得柔软——它自然会达成。

体操训练具体能够取得怎样的效果？它支持：

- 柔软；
- 敏捷性；
- 肌肉发展；
- 平衡；
- 自信。

柔软和放松

步下调教的一大优势是，你作为驯马师、训练者，是处在马的视野范围之中的。仅仅是你的存在就给予了马一定程度的安全感和领导力。

谁还没有经历过如下这些？当你在马背上时，它突然惊退——因为一点瑟瑟的声响，一些出乎意料的物体，甚至是不知道是"什么东西"导致的。但马就是拒绝向前。最好的情况是，它还能站在原地；最糟糕的情况是，它也许会突然后转脱缰狂奔。

任何让马跨越它害怕的物体的尝试，无论是用声音、鞭子或马刺，结果一定会是失败。然而，如果你跳下马牵引着它跨越危险的物源，你会很快帮它克服恐惧。

但是这期间发生了什么？马惊退的同时，骑手也不自觉地收紧了肌肉。马能感觉到，它认为它的担心得到了确认，一个反应引发另一个反应。骑手刚从最初的震惊中恢复过来，新麻烦又来了，也就是说，骑手的肌肉还是没有放松，因此马也无法使自己放松。

但如果骑手下马，进入了马的视野之中，马鞍上的骑手——使其紧张不安的一个原因——立即消失了。通常来说马是乐意跟随它的骑手的——被马接纳为群体中更高级别的成员。另外，现在马的身前有了"庇护"，以保护它免受危险的伤害。紧张的情绪被去除，骑手散发出冷静的气场正是马需要的，同时也给予了马领导力。这才使马克服了自己的恐惧。

通过这种安全感，马将能更快地稳定下来。肌张力减弱，并恢复到平衡的状态——从紧张到放松。

骑手从马背上下来，相当于移除了一个可造成紧张的原因。柔软和放松是实际且富有成效工作的基础要求。与骑乘相比较，步下调教可以更快取得成果。柔软的肌肉可以使马完成所有动作，以训练并帮助柔软全身。

强健肌肉

一匹放松的、柔软的马可以没有困难地在短时间内打造一些特定的肌肉，用于自我承载和承载骑手。无论是在盛装舞步场地，或户外野骑，只有拥有强健的肌肉组织的马才能较长时间承受骑手的重量并支撑自身的关节、肌腱和韧带。

步下调教为这额外的负担以最好的方式准备一匹马。它的肌肉组织得以发展，使用正确的姿态工作也会感觉好得多，随着力量的增强，它将更容易实现自我承载。你会发现，每一节课逐渐变得更容易操作，马也会察觉到自己在一个良性循环中发展，引导它享受快乐、满足且健康的生活。

平衡

就如同人可能是左撇子或右撇子，每一匹马都有它习惯工作的一边。盛装舞步骑手在马的一生中都在为它的先天性弯曲而纠结。可能对于业余马术爱好者来说不会造成这么大的困扰——这种单侧的习惯造成的问题会更多地在朝某一侧转向的情况中表现出来，以正确的领先肢跑步，或偏爱某一侧缰绳的指令。

左撇子的马会更倾向于在左缰上跑步，而在右缰控制时会抄近路，并且它会发现很难朝骑手的右腿弯曲。对于这种马来说，它的平衡中心落在了它的右肩上，也就是说被转移到了右侧。

通过步下调教，很可能快速且高效地实现矫正这种身体和心理上的不平衡。如果在马鞍上，你不仅要对抗马天生逃窜的本能，还要对付这种单侧习惯的问题。但如果你在平地上，站在它身边，你可以完全专注在这种不均衡的问题上。

在开篇时我们已经介绍了，每一项练习或动作都包含着马重心的转移：朝左、朝右、向前、向后。在步下调教中，你还有机会直接领导并影响它——当你坐到马鞍上时，你就能直接感受到它给你带来的好处了。

花费时间来练习正直是非常重要的，正确的平衡感就来源于此，且将在收缩的工作中展现出来。即便一匹马在高级调教工作中表现出高度的天赋，但你若忽视了最基础的原则——正直，及随之而来的柔软工作，马的一生绝对会变得越来越弯曲。

身体的意识

训练马发展对自我身体更强的意识是步下调教中尤其能够证明其优势的一项根本内容。作为马的训练员，你可以用以下练习向马展示具体要做什么，给予这位四条腿的伙伴一个机会来倾听它自己的身体。它有机会感知并意识到自己的后躯。马确切地知道自己身体的哪一个部位得到了锻炼，并对它

的身体更具有意识；它的平衡将被转换，正因为这个，训练的目的也变得明确了。

那些更大的温血马——长脖子长腿的，它们的动作可能会很大，是因为它们身体的构造。在训练初期，它们会常遇到身体协调方面的问题，以及如何最佳利用它们的后躯。如果它们趋于在慢步中"踱步"（也就是说用两节拍取代四节拍），然后使用步下调教，尤其是侧向运动，在保持节奏和步伐准确性的这些问题上发挥了神奇的作用。

自信

在调教马的工作中有一个非常重要的核心元素——自信。从提高柔韧性开始，提升流畅性、肌肉发展、改善平衡以及对自身身体意识的提高，将为马打造一个全新的世界。它将以轻松愉快的动作从事训练课程，无论在马术练习场或在野外骑乘，完成的步下调教工作将进入下一阶段：也许就是骑手上马鞍。

作为人类的伙伴，马理应得到应有的尊重。如果你省略了准备工作就开始步下调教，会招致许多问题。突然间你会发现可能非常容易接触它的头、牙齿、身体和蹄。要达到高效且安全地与马工作，一项前提条件是互相尊重，这是必须要争取做到的。

一个真正的伙伴关系可以在互相尊重的基础上建立起来。

在人类社会，我们常要遵循一些不成文的社会规则，以防止被人们视作反对的对象。类似的规则比如私人空间。当人们相遇，他们之间总会保持一定的距离，以表达对另一方私人空间的尊重，只有特殊的朋友和亲人之间，才可以跨过这道无形的界限。如果一名陌生人跨过这道界限，你会很快感到浑身不适，认为这种亲密是冒失的或具有攻击性的，然后不自主地向后退却。

马也有"私人空间"的意识，只有非常友好的伙伴才能突破这道防线。通常它们对同群的马也依然保有这份尊重，太过靠近会产生不舒适、想要退缩甚至是攻击的感觉。

多数的人觉得无意识地闯入马的"私人空间"，即便对马造成极不适的感觉，也是一件很自然的事。当人类察觉到这条隐形的界限并表示尊重时，马也会感觉到，这将建立真正意义上的互相尊重。当然，这一法则也适用于你的马如何对待你！作为一个人，我有我的私人空间，我的马也必须学会接受这一点。马绝不可以冒失或有攻击性地闯入我的领地。

当马留意到它的人类伙伴发现并尊重这一法则，在未来的合作和陪伴中，谁更强或更弱并不重要。重要的是互相尊重的建立将致使马绝不会鲁莽地跨越这一条界限。

当进行步下调教时，你会与马保持在一个很近的距离。也就是说，你直接进入了马的"私人空间"。这一距离小到可以被视作侵犯。正是由于这一点，你的动作需要特别谨慎。你必须留意你的动作是尊重的、沉着的、没有大惊小怪的，还要保持你的请求坚定。反过来说，你也交出了自己的私人空间，你应该对马对待你的方式有相同的期望。

清晰和精确是操作者在步下调教中必备的两个前提条件。只有当你非常清楚自己在做什么的时候，才会具备这种素质。这种自信在通过获得知识、经验和时间的积累后才会逐渐生成。

从中你能获得什么？

步下调教的工作能在以下方面为骑手带来多种好处。

- 理解；
- 清晰的洞察力；
- 协调配合；
- 健身；
- 自控力。

作为驯马师，首先你必须学习如何最有效地帮助马学习：什么样的动作可以让马保持这样或那样的平衡？如何通过这种或那种扶助达到改变马重心的变化？马什么时候运动正确了？什么时候马需要训练特定的肌肉群？利用怎样的练习你可以影响到马的某一条后肢？最重要的是，你如何协调缰绳、鞭子和你自己的身体，以给出正确的扶助？

与马沟通的一个前提条件就是理解。步下调教是实现目的的一个途径，而不是目的本身。当驯马师清楚地知道自己在做什么，和这么做的原因，那么马就可以更快地理解并能够跟随给出的指令。

因此，步下调教能带来许多好处：当你将自己置身于马的身边，你需要将所有的细节尽收眼底。观察马对扶助的响应，看它的头、颈、背，以及后躯。同时你可以训练自己的眼力。这本书中的许多照片都可以帮助到这一点。一旦你学成了在地面的观察，你可以利用这些经验帮助你成为更好的骑手。

最后，只有识别出什么时候马完美地做到了动作，才能给出奖励或对其做出必要的矫正。带着这种积极强化法，任何聪明的生物都可以通过帮助取得最高等级的成就。

"马是你的镜子。

它从不会恭维你。

它折射出你的心境。

它也照射出你心境的变化。

永远不要对你的马生气，

否则你也可能会对你的镜子生气。"

每一位骑手都应该把以上Rudolf Binding的这一段文字牢记于心。不公正的惩罚将导致理解的缺失，对于任何生物都是这个道理，并非只是马。作为人类，当你与马相处的时候，你必须要时刻控制自己的负面情绪。自控力是清晰思考的前提。马对人类情绪的察觉极其敏锐。即便驯马师没有说出任何的夸奖，马也可以察觉到他的满意。反过来，所有的马都能察觉到心情烦闷的负面情绪。这种不安将很快影响到马，使其紧张，整个气氛被破坏，为取得一点工作成效，还要经历百般困难。

像这样的日子就别进行训练工作了，马绝对不应成为你泄愤或摆脱压力的出口。也许换成放松的野外骑乘会更好一些，或者只是给它简单地梳洗一下就好了。

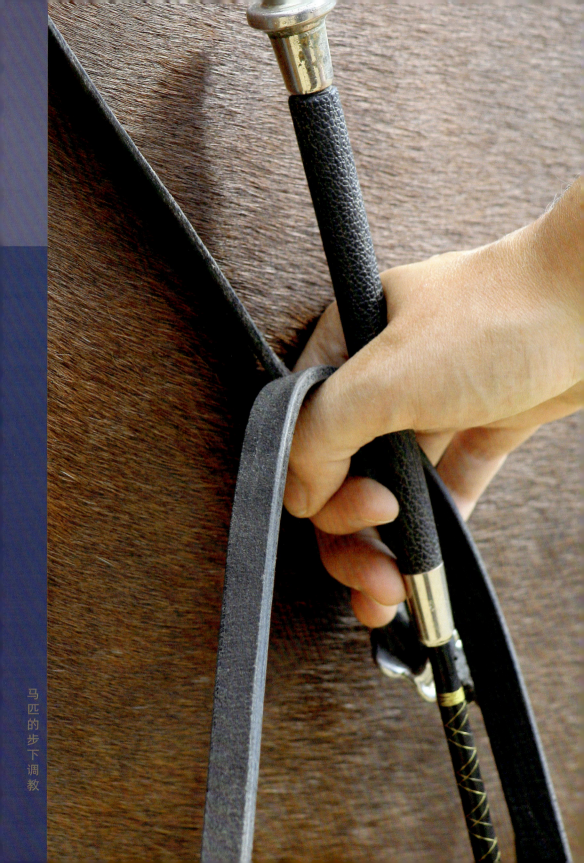

装　备

调教笼头

对马嘴的保护，牵引和打圈时的扶助，在平地训练中使用的基础装备，对训练年轻的马是不可或缺的——使用调教笼头的机会和优势对大多数骑手都不陌生。它的种类范围从加厚软垫的、沉重的德国款式，到闪亮的锯齿状金属的西班牙瑟雷达（serreta）。

在欧洲，使用调教笼头打圈有着悠久的历史传统。骑术大师 Federigo Griso，Antoine de Pluvinel 或 François Robichon de la Guérinière 都非常赞扬用调教笼头打圈的好处，他们都在日常训练中让马使用调教笼头。同时在南欧，在 Vaqueros 和 Guardians 的骑术工作中，调教笼头依然是现代使用的马具之一。在中欧，骑马作为一种运动发展到这样一种程度，这种马具已经没有立足之地了。这其中很大一部分原因是由于低鼻革（固定鼻羁）发展成为调教笼头的一类，它通过鼻革和衔铁同时作用。

加厚软垫的德国调教笼头的特征是它非常松软地落在马的鼻子上。一方面来说，因为它的松软，其效果被弱化，但另一方面，它也弱化了初学者手上可能造成的失误。通过缰绳而来的信号，不会那么精准地被传递给马。

厚厚的软垫如同一个减震器，不稳定性不会迅速地被传递下去，无意的半减却也不会对你与马之间的交流造成持续的负作用。鼻子是被保护好的，所以不会有太大的压力施加在这个部位。关于什么才是有实质作用的马具，在这一争论上，人们总是用"这不适用于教育和训练马的目的"为理由否定调教笼头。常常被贴上"无效"的标签，就因为软垫抵消了许多力量或压力，而作用在兴奋激昂的马身上只会遇到一堆问题。原则上来讲是没错的。但是，如果你仅依赖一个调教笼头来控制你的马，你真的应该好好反省一下你与马的关

德国调教笼头区别于其他的特点是它的厚软垫，可能造成效果不太精确。

带有圆环的皮质调教笼头是为了方便连接衔铁。

系。德国调教笼头的一个真正的劣势是它的重量和尺码。它一般比较适合头更粗更大的马。比如，在一匹阿拉伯马头上，就难以被正确地佩戴好。此外，这样的马往往会因为不舒适而频繁点头或表现出其他不愉快的迹象。

法国的调教笼头相比较之下就轻巧多了。它的造型风格从在鼻子上起加强作用的一片简单的头部皮革，到那些带附件的内装连接金属头饰——

适合初学者：一个法式轻量的调教笼头。

既帮助了调整大小，也集中了它的效果强度。在西班牙，原始的调教笼头造型几乎原封不动地被延续了下来。它有一个半圆金属件——吻合马的鼻子轮廓。最严酷的一款是瑟雷达，它的金属是齿状的。翻译过来这个词的意思是"小锯子"，正描述了这一款调教笼头可能有的效果。关于瑟雷达的观点众说纷纭：实用的训练扶助，还是虐待动物的酷刑？若是造成流血或令人害怕的鼻子，就是糟糕的驯马师？若获得立即的服从并且能进行高质量的骑乘，就是优秀的驯马师？瑟雷达不能交到初学者的手中，只能给经验丰富的专业人士使用。

除去这些调教笼头之间造型的不同，有一个条件是它们都必须满足的——一定要完美地吻合马的鼻子。良好使用的前提是调教笼头需要恰当地落在马的鼻子上，不会到处滑动，也绝不会妨碍马的正常呼吸。应该考虑鼻革所处的高度（至少在马嘴角上两指宽的位置）以及收紧的程度。你的大拇指应当是可以伸入颌骨和皮革之间的。如果位置太高，可能会压迫到颊骨；如果太低，则会妨碍马的呼吸。

理想情况下，调教笼头应当有一条下腭皮带，位于颊革和咽革之间。这能防止颊革被扯到眼睛里去。除了美观以外，咽革是非常多余的。鼻革上有三个圆环：中间的圆环是用来穿牵引索（调教缰绳）的，其他两边的环是用来穿侧缰的。

法式调教笼头内嵌入的多节型金属确保它可以精确适配。

调教笼头也可以和衔铁组合在一起使用,这能提供给年轻的生马一个慢慢熟悉衔铁的机会,而不会因(无意的)过重的半减却或手的动作对它敏感的嘴巴造成任何痛苦和伤害。

作为给初学者使用的最理想的训练扶助,你应首先考虑选择德国式的调教笼头。这一款更能减少你的失误,缺乏使用经验也不会对马敏感的鼻子造成太大的负作用。即便如此,它最主要的问题可能比这些优点要严重:扶助多多少少会使重量转移到鼻子上去。

对初学者更为适合的模型可以从法国的调教笼头中找到。更加简单、高质量的皮质调教笼头会更加贴合,更容易宽容失误。尽管如此,它也需要驯马师和马了解如何使用这个装备。鼻革中连接金属件的优势在于,这种调教笼头能适合许多不同的马佩戴。即使那些非常敏感的马,也情愿接受这种调教笼头。

一旦你能非常娴熟地使用调教笼头,你可能会想试试最原始的版本——一个光滑的、铁制的鼻带,被缝在皮革里,不会增加它的严酷性。你的扶助将被精确且清晰地直接传送。

不推荐由人造革制成的调教笼头。它们会在鼻子上滑动,与高质量真皮制作的调教笼头完全不能比。

如果某些练习在几次尝试后都没有成功,那么你也许应该尝试另一种选择——通常这样做,问题就解决了。

衔铁

无论是颊杆衔铁(loose ring),还是卵形小衔铁(eggbutt snaffle),D形环,

调教笼头在打圈中证明了自己。

组合决策

  在调教笼头和水勒之间做选择，你需要让你的马做组合最优的决策——它会很快表现出更喜欢哪一款。对于那些牙齿或嘴巴有问题的马，以及嘴巴被前骑手损坏的马，佩戴合适的调教笼头可作为一个无衔铁的选项，且具有精确的作用效果。它的许多工作都比用衔铁轻松得多，并能让阻塞和抗拒更快消失。但也有马不能忍受在鼻子上的压力，感觉被鼻革禁锢住了。这种情况你可以问心无愧地选择水勒。如果你不想在使用调教笼头的时候完全放弃衔铁，你可以选择一个组合式调教笼头。按照要求在进入用水勒工作前，用调教笼头做些放松的工作。

全面颊小衔铁作用在嘴唇外侧，与调教笼头相似，并能阻止衔铁扯破嘴角。

或富勒姆衔铁（fulmer），单关节或双关节，粗还是细——衔铁的选择是非常广的，且超乎你的想象。所有这些嘴巴里的东西只有一个共同点——它们是放置在马嘴里的外来物体。

牙龈，衔铁处/牙间隙（bars）和舌头都是口腔里高度敏感的部位，如果被无知或不恰当地使用，衔铁可以轻易造成巨大的疼痛。不幸的是，人们对于衔铁是如何工作的，以及如何使用衔铁的相关知识总是非常匮乏，让这些有效的沟通工具的使用方式变得极其糟糕。

这里也一样，步下工作相比较骑乘来说，有很大的优势。你不能用蛮力驯服一匹马。作为驯马师，你必须去观察衔铁的作用原理：弯曲、屈挠和限制。

无论你选择了哪一种，正确地使用，每一款衔铁都可能获得成功。但在练习中，全颊杆小衔铁（full cheek snaffle）被证明是步下调教中的最佳选择，因为如果初学者在开始时犯了一些很严重的错误，也不会把衔铁的圆环拉进马嘴。衔铁的杆臂贴靠在马嘴外侧，和调教笼头有相似的效果。嘴角不会被夹住，嘴里的部分也不会在舌头上旋转。

鞭子

作为手臂的有效延伸，步下调教中会进一步使用到的工具是鞭子。鞭子有各种不同的长短、力度和设计。理想状况是你应当选择一款非常轻的鞭子，由于鞭子的使用是要求有一些经验技巧的，鞭子越重，它与马的工作就会变得越紧张，也越费力。

鞭子的长度是根据工作的需求和目的，以及马的敏感度来决定的。但非常重要的一点是，作为你手臂的延伸，它要能够触到马的后臀。另外，鞭子必须能够轻松地被握住，并允许有针对性地运用，能够触及马身上特定的一些部位。

表扬

作为步下调教基础手段之一，一般没人会去计算表扬的次数，但是它却是马匹训练发展中的一项非常重要的因素。当你做好了一件事，使用积极强化法，从而促成理解和产生积极性，对人、对动物都是同样的。马是很容易受表扬影响的。响片训练法已经充分利用了这一事实，以产生积极的效果，也就是建立于要求—获得正确的答案—表扬的原则之上。

这种表扬需要即刻给出，这样马才能将其与正确的响应联系起来。至于你使用什么奖赏，是因马而异的。通常几句称赞表扬就足够了，抚摸它的身体或给点儿胡萝卜。更重要的一点是，你给出的奖励是真实真诚的。如果你并不满意，只是随便说了句"很好"，那不会有你由衷地感到开心而表扬的那般效果。毫无感情地喂给它胡萝卜，只是为了做而做，那就不是表扬，而更像是交易。马能够识别真实的愉悦，并用它的热情来回应你的热情。

己所不欲，勿施于人……

……就像你不会这样对待自己。

没有情感的工作，冷漠的完成，执着于技巧，结果是把马变成了一台台以相同模式运行的机器。通过诚实、真诚调动它积极地工作，马也会愿意在你身旁一起工作。

基于这样的考虑，不禁止喂食。但这么做的前提是，默认马是有纪律的，尊重你的私人空间范围，不会没完没了地继续找你要食。

开　始

操作者的站位

步下调教的第一步应当是进入马术练习场或一个室内场。在开始时，室内场或室外练习场的外边界能提供很宝贵的帮助，且通常是必要的。在最初阶段，下图中展示的姿势是成功的关键。

马应当站在外方蹄迹线上，驯马师站在内方蹄迹线上。场地的外围栏限制了马的外方，你站在它的内方。使用这些扶助，于是马就从各个方向上被框住了。

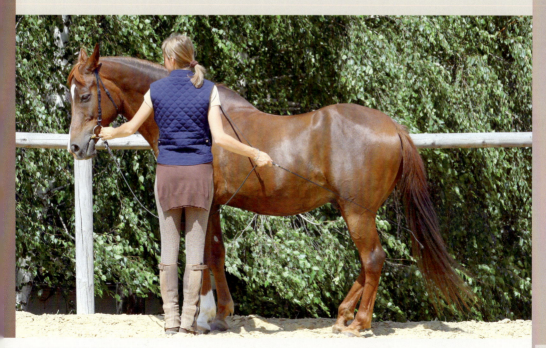

步下调教马近侧的基础站位
操作者应站立于马的肩部位置，面朝马。左手握住左方缰，右方缰绕过马肩隆握在右手里，同时右手拿着鞭子。

选择1：直接拿着衔铁。

选择2：于衔铁后几厘米处，用手握住缰。

从衔铁开始工作

刚开始时，手要把持住衔铁，直接与马嘴建立联系。手不要握得太紧，让你能够适时给出正确的扶助并立刻感受到马嘴的反应。此外，扶助将直接作用到马，而没有任何被干扰的危险。这种联系需要安静，这样你的手才能轻松

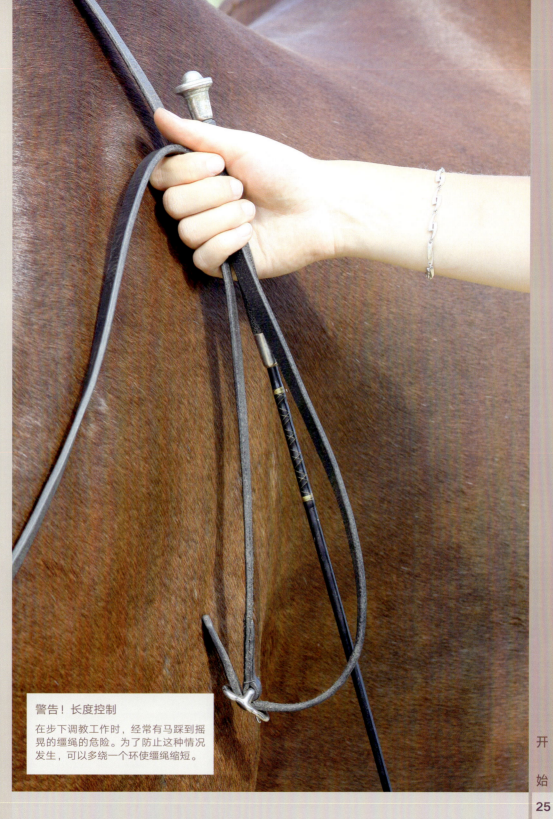

警告！长度控制

在步下调教工作时，经常有马踩到摇晃的缰绳的危险。为了防止这种情况发生，可以多绕一个环使缰绳缩短。

地跟随着马或灵活地引导它。如果马试图咬你的手指，这种特殊的握法会降低它成功的概率。或者你可以握住缰绳建立与马嘴的联系。若使用调教笼头，则应当使用第二种做法。如果马的脖子比较长，也就是说当你站在马的肩膀处，你的臂长难以完成要求的工作，那也应当使用第二种做法。这一姿势中，手通

过缰绳控制了衔铁的内方环。若手到马嘴距离较远，会对扶助的精确度和敏锐度有所影响，这一点不可忽视。马嘴到手之间的距离越远，产生的联系会越加不规律。使用调教笼头不会产生大的问题，如果直接作用在衔铁上，手的不稳定会给更加敏感的马造成许多问题。

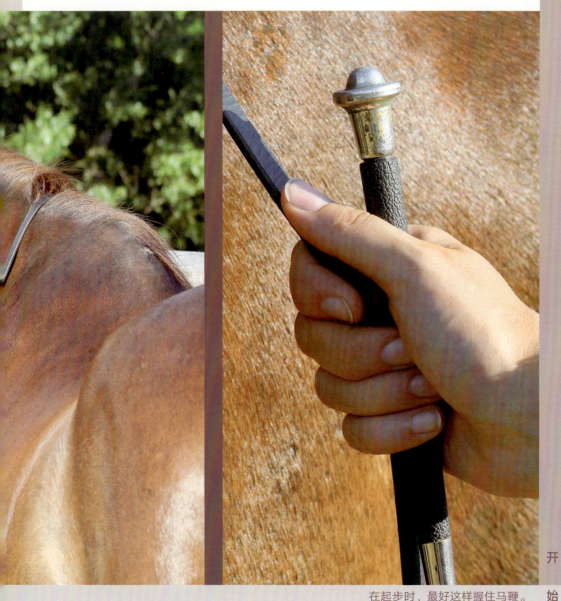

在起步时，最好这样握住马鞭。

张开手，让外方缰穿过你的手指，大拇指在最上面。鞭子应当摆在大拇指和食指中间。

手指合并呈松弛的拳头状，这样你就一只手握住了缰绳和鞭子，并在你的管控之中。

握鞭

握鞭基本上有两种方式。最简单的办法是和缰绳一起拿着，鞭子垂直于地面。这是在初期工作中最好的手法，但是对于更高级的工作，比如侧向运动，那就要用到第二种手法。

尤其是在步下调教中，控制你自己的身体是非常重要的。为了避免在与马的交流中产生误解，鞭子的使用应当是精准且明确的。在步下调教工作中，你可以清晰且精确地传输扶助给你的伙伴——马，这就是为什么在开始时你应该集中精力确保扶助清楚地传递给马的原因。马和你一样，很快就会负担过度。观察马的"私人空间"也很重要。你不能像胶水一样黏着它，保持你和马之间的一个合适的距离尤为重要。如果你过度地给马施压，潜在的问题会变大，导致马跌跌撞撞或吓一大跳。

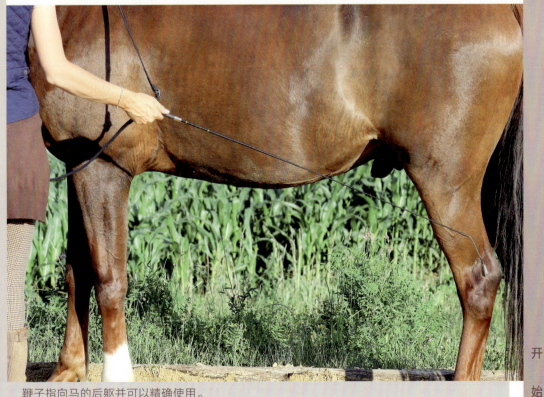

鞭子指向马的后躯并可以精确使用。

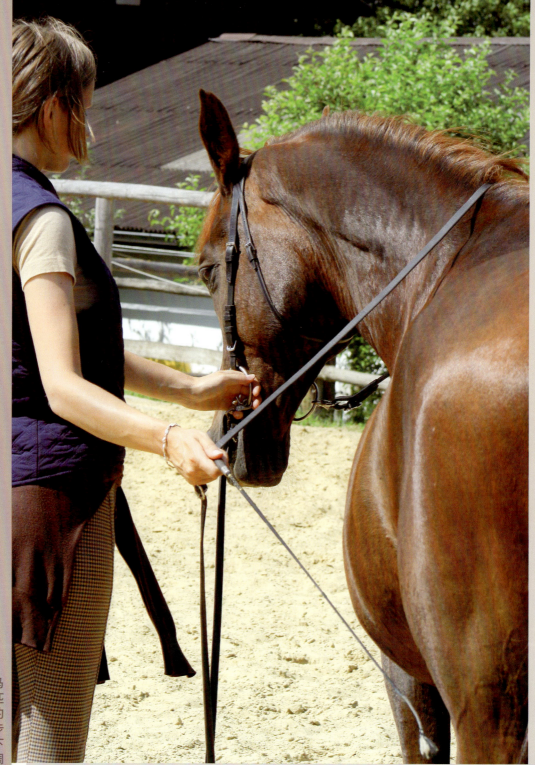

保持你的距离！安全起见并为了给马足够的空间，你绝不应站得离马太过靠近。

初学者通常爱犯的一个错误是站得太靠前，靠近马的头。如果你站在它肩的前方，你会约束它向前的运动，限制它的视野，马前方的空间就会缩小。大部分情况下，马会落在主动扶助的后面，而且你也无法让马"在你前面"。在步下调教中，你永远不应该是领着它，而应当始终处于"驱动"的姿势。

另外，你也只有在它的肩膀处才能正确地弯曲马的身体，这是对所有要做的事情都很重要的一点。要习惯这一正确的姿势可能需要花费点儿时间，真正的意思是，如果你不时刻检查自己相对于马的位置和姿势，侧向运动的路径就被堵塞了。

尤其是对于一匹懒惰的马，你可能几个步骤之后就发现自己走得太快了。如果是这样的话，那很重要的一点就是不要站在它肩膀的前面，也就是跟它示意它应当精力充沛地向前，而不是缩在后面。

扶助

对于平地训练的工作，手的影响是最重要的扶助。步下调教给了骑手一个良好的机会，通过缰绳一步步地为马阐述并解释这些扶助。最大的好处之一就是你不会坐在马鞍上把自己的压力传递给马，那样会对马造成一定的后果。

当然，因为没有腿部扶助的作用，你必须将手和腿的效果区分开：只有手，没有腿。这种学习方式对马来说更容易，你也会很快观察到当骑手的干扰因素从它的背部移除后，马的反应有多么敏感。

如果你看清手单独的作用，清楚你自己在做什么是尤为重要的。如果你不知道自己在做什么，或不了解衔铁和缰绳的作用，你就不可能把它们的作用传递给马。

衔铁的初级基础练习

在口腔里，衔铁会作用在舌头上、上牙膛（上腭）和口衔处/牙间隙（门牙和白齿之间无牙的区域，用来搁置衔铁）。这三个位置对疼痛都是极其敏锐的。你同时拉扯两根缰绳时，如果是单关节小衔铁，它会夹住舌头并直击口腔上腭。非常不幸的是，绝大多数马都体验过这种疼痛，无论是不是特殊情况（"你能不能立定！"）或者同样悲惨地在平日的平地训练中（"我要让它低头！"）双关节或更加复杂的衔铁将加剧对上腭"胡桃夹子"般的效果，对舌头也是同样。

因此，作为一项基本规则，必须始终遵守：绝不能同时拉两根缰绳。另外，衔铁永远只是扶助，绝不是蛮力或惩罚的工具。这一准则在骑乘中和在步下调教中都应该履行。

尤其是在步下调教的工作中，你

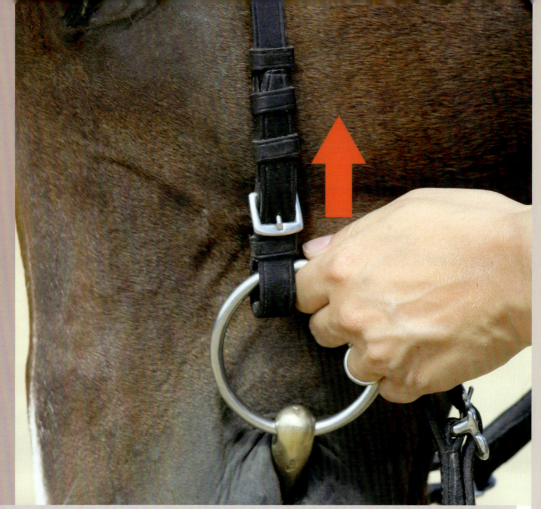

手向嘴角移动，保护上腭和牙齿，不会夹舌头。

永远不应该很粗糙地用缰。从一开始你就应该通过衔铁给它方向精准且敏锐的扶助，扶助力度的大小是根据马的敏锐程度决定的：尽可能少，必要就足够。马的反应决定了之后进一步的扶助。具体来说，手上的工作方式有三种：向上（抬起），向侧面，弯曲和降低。

抬高的效果

朝向嘴角的方向移动衔铁会让马抬起它的头，如此整个前躯依靠手的作用被支撑着。项部和马头的高度都是可控的。若你作为骑手知道自己要什么，在步下调教时，你每次都能把马放在你想要的位置上。

降低的效果

缰绳鼓励向下是步下调教中非常独特的一点。在骑乘中，是不可能直接向前向下作用缰绳的——你需要用金属般的，而不是柔软的、灵活的缰绳才能实现。然而如果你直接抓住衔铁，你就

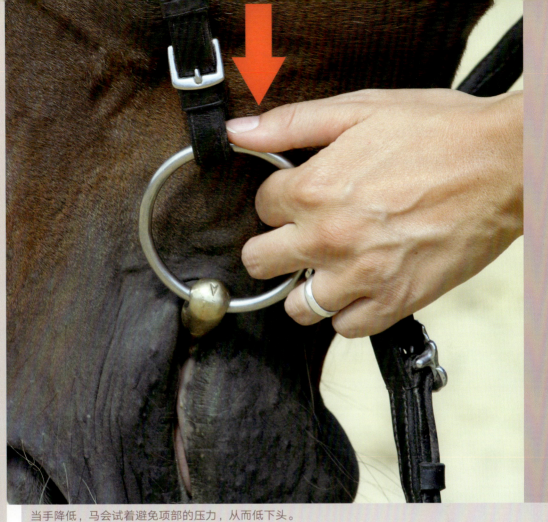

当手降低，马会试着避免项部的压力，从而低下头。

可以向下朝向地面牵引衔铁，因此给马的项部施加了压力（和双衔水勒的作用效果相似），这将使得马向前向下，并跟随缰绳向下移动。

但在骑乘中你会遇到很多狂热分子，那些人只想要马做到一件事：以项部接受衔铁。马的其他动作和平衡是无关紧要的；最重要的是它"受衔"啦。对于人的这种态度，许多马都遇到了难以置信的困难。当强硬的手试图逼迫马来配合，那么马的身体感到酸疼，并视工作为一种消极体验，也就不足为奇了。

不需要过多摆弄马嘴就能达到让马的项部降低的效果，你只需要鼓励马降低。马头降低后，再让它交出项部就不难了，因为这一要求的动作是如此的小，每一匹马都能做到。

然而，对于颈部长而细的马，你需要十分小心地要求它低下头来。从马的前额下至它的鼻子的线条不应折到垂直面之后，而且你应当避免过度屈挠，应当持续留意马回到它的正常位

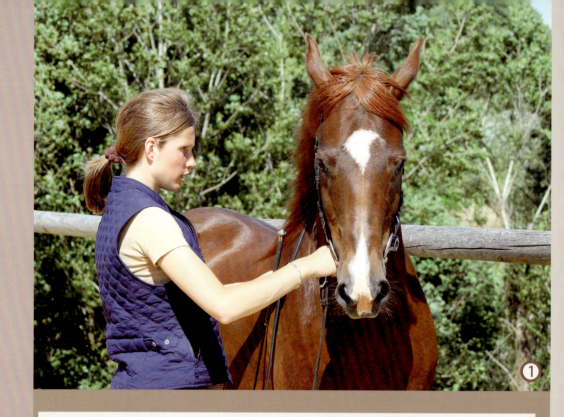

拉伸颈部和背线

图①中，一匹经过良好调训的马跟随鼓励它向下的缰绳，降低它的头，依然保持着轻盈且持续的联系。给外方缰，但不丢失联系。你的肢体语言支持着马的运动，并且马将学会一直跟着缰绳的方向，直至骑手坐到马鞍上也能继续保持这样。

图②中，你能很明显地看到马头降低的趋势。马开始将重量转移向前。所以头部和颈部都承受着相当大的重量，这将使它的重心向肩部转移。它颈部下方的肌肉应当放松，整条背线应得到伸展。

降低它的头也能让它放松下来。兴奋的马是不会降低头的。放低的缰绳是你可以帮助马达到放松和平衡状态的工具。

图③中，马的背线在水平位置——对于体操锻炼和肌肉伸展，这就足够低了。开始时，马头低得更多也是没有关系的，只要它的鼻子不会偏到垂直面之后。正确的练习很快就能证明过度屈挠是荒谬的。通过步下调教，很快你就可以识别出什么是过度屈挠并去纠正它。一旦马头降低，你就可以弯曲马并通过衔铁完成从侧面向上到向下的扶助（图④）。头放得越低，越容易弯曲。而且，在这一情况下马的两个耳朵需要保持水平。如果它们不是这样，作为操作者，你需要检查你给出的扶助，最重要的是，两根缰绳上有稳定且均衡的联系。

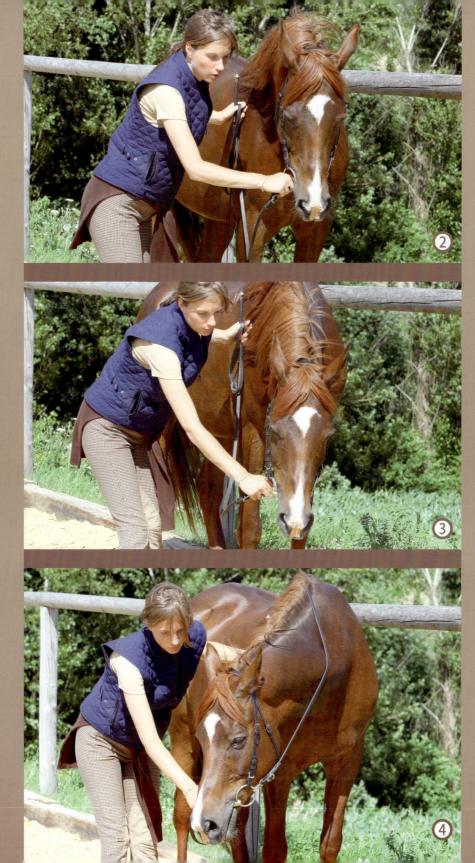

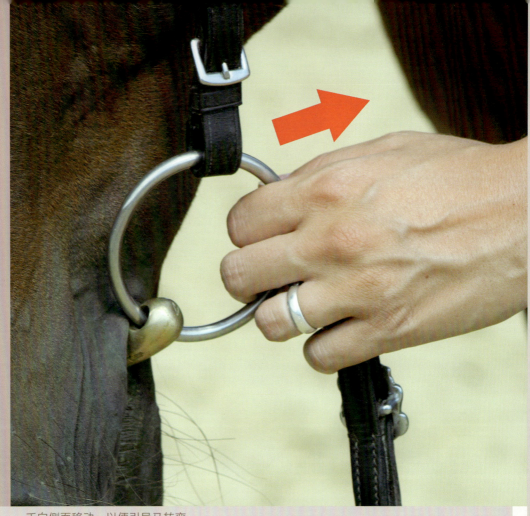

手向侧面移动，以便引导马转弯。

置。脖子较长的马容易过度屈挠，给人从项部弯折的感觉。以这种倾向骑乘会引发它自身的问题，而且马不会真正保持在扶助上，也不会真正达到受衔。步下调教可以很好地帮助这些情况，因为步下调教能展示给马什么是正确的姿势。

弯曲的效果

第三种效果是弯曲和屈挠扶助。使用内方缰，会方便驯马师演示和教习弯曲。确实这是非常重要的步下调教，在每一种情况下，尤其是在弯曲中，两根缰绳上都有联系。外方缰应该跟随，内方缰应该支持。如果你忘记了外方缰，因为马独立于你运动，这在一开始是很容易出现，你可能会把衔铁扯过它的嘴，导致马头歪斜并对抗衔铁。和骑乘一样，应尝试在两根缰绳上保持稳定的联系。因为这一原因，外方缰越过马肩隆必须一直保持着联系。你的手应当一直感受着马的另一侧。

向内方弯曲

对于内方弯曲，也就是这里的向左，内方，左手朝向马嘴角做出一个温和的向上动作，同时向左移动。图①，你可以从衔铁的圆环稍稍远离马头看出来。

外方，右缰保持联系，但是不应阻碍弯曲。你应当"感觉到"外方缰与它的嘴保持联系。右手温柔向下的动作保证了这一点。

驯马师站立在马的肩部保持安静，就能看出马执行命令有多好了。图①中马的位置稍微偏左；图②中马稍微拉伸拉长了；图③中则显示出完全的拉伸状态。马耳朵保持在同样的高度——也就是说它没有在项部发生扭曲。马耳朵的位置表明了它全神贯注。

在图③中，你也能看出外方缰与马弯曲的脖子保持着良好的反作用力的联系，但是没有限制马的弯曲。利用场地或训练场的围栏可以防止马身体的移动和逃避弯曲，让开始时的练习容易得多。

开始

①

向外方弯曲

对于向外方弯曲的情况，也就是这里的向右，左缰绳掌管外方，右缰绳执掌内方缰。在左手温柔地推抵马头的帮助下，右手朝向地面向下移动，右缰绳会被拉紧。

在图①中，能很容易看出这两个对立的姿势，也就形成了图②中的反向弯曲。外方的弯曲越大，驯马师的手臂就越被拉伸，人不应该移动自己的位置，以避免去到马的前面太远。右缰绳进一步使马弯曲和屈挠，确认没有遗忘左缰绳的支持作用。图③达到了马的最大弯曲，并且你能发现通过这一系列

操作，马保持着警觉、放松和冷静的状态。

这些练习帮助马准备向远离驯马师的方向弯曲，移动它的肩部，并且以比驯马师距离更小的半径转弯。

由于马准备变换去它注视的方向，向右，如果你观察了照片里驯马师的姿势，你能很清楚地看到她的左肩保持转向马的方向，但没有紧迫到对马产生压力。

马颈部左侧的肌肉被拉伸，而右侧的被收缩——在立定时做体操训练。

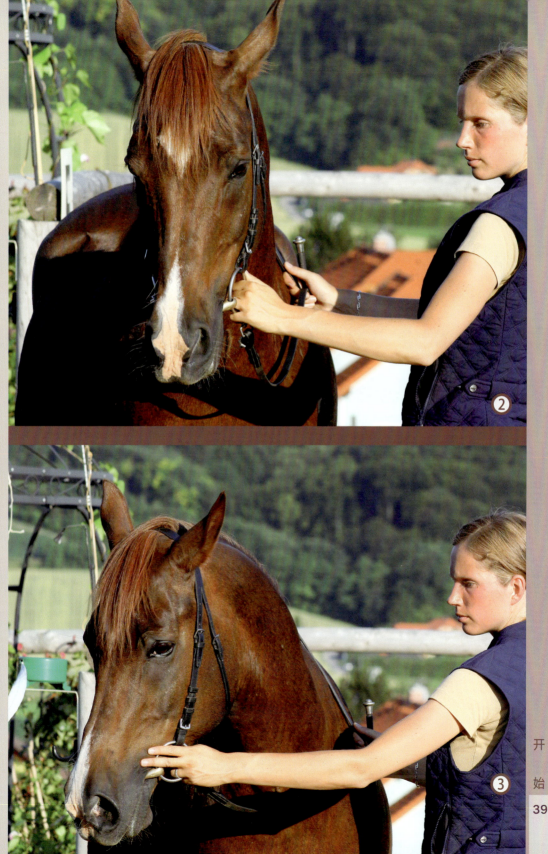

使用调教笼头做基本初始练习

使用调教笼头的初始练习与使用水勒和衔铁的工作在一些细节上有所不同。在这一项工作里，屈挠和弯曲依然是最主要的内容。调教笼头是这本书里所有的练习可使用的理想工具。与衔铁相比较，它最大的优点是它能更容易地宽容人的失误。因此马就可以避免因操作者经验不足而造成痛苦。

从根本上说，就像使用衔铁那样，通过调教笼头做半减却也应按照一样的原则进行——给予和收起。当请求弯曲时，你不是仅仅向内方拉，而是一点点地施以扶助。马应保持着弯曲。

使用调教笼头弯曲的基本要点

缰绳的压力（红箭头）在马头的外方产生压力，使其屈服。这一缰绳扶助，每匹马都能明白。左手放于颈部能防止它的抗拒。

极端的弯曲放松了马的脖子，拉伸了外方肌肉，并放松了脊柱区域的任何小的阻碍。

朝向地面

在调教笼头里，一匹马必须学会在立定时向下拉伸。
用你的身体指示缰绳的方向。

向外侧弯曲

为了增大角度，并通过调教笼头上缰绳提升作用效果，应该稍微抬高你的手（蓝箭头）来使其弯曲。

运动中的马

最喜爱的一侧

在立定时做的初始工作中，你会发现一种互动语言，马已经习惯了缰绳扶助，并学会了通过伸展、弯曲和降低脖子来放松自己。另外，通过这项工作，你能察觉到马在哪一侧比较难以弯曲。就像你自己也有灵活的一侧和迟钝的一侧，所以你的马也会有一侧感觉工作起来更轻松一些。在整个训练过程中，你会被一次又一次地提醒——克服马匹的先天不对称。除了这个，要确保你的马在身体两侧都得到了均衡的工作，这也是最重要的事项之一。逐渐地，你在协调衔铁和鞭子时，会变得更有经验和娴熟，而且在你尝试高级的练习时，也不会觉得有太大的困难。

在慢步中进行的这些最初练习中，处理两侧的问题可能会是巨大的挑战。你会习惯从左侧引导它，从左侧给它放置马鞍，从左侧上马。但在步下调教中，你也需要在右侧做这些工作。不是只有你一个人会感觉很奇怪；通常马也会觉得很奇怪，要比熟悉的右手一侧付出更多的努力。

几节课之后，新的一套程序建立好了，所有的紧张将开始消除，两侧的工作也不会再有大的问题发生。

少即是多

步下调教不能代替简单的治疗性锻炼。所有的锻炼都是特别开发的体操运动，这将常常使马的体能达到极限。

"千里之行，始于足下"是世人皆知的俗语。那么第一步就是要在立定时完成的工作。开始和进行以下所有的锻炼都需要十分的小心细致。

你不可高估马注意力可持续的时间。有针对性地学习需要注意力高度集中，是真正的"脑力劳动"。马需要跟随你思考，以及积极、活跃地参与。如果马感到心累了，它会让自己分神，它需要休息。在休息期间，它可以消化之前所学的。步下调教不仅仅是体力工作，也是心理建设。

同样重要的一点是，清晰的指引和扶助才能使马更有自信。通过理解所要求的事，大多数马会发展成一种真正的工作乐趣。驯马师在恰到好处的时间点上表扬它，能大大提高马的积极性和雄心，且带来的结果是所有的动作都会变得更加简单。随着时间的推移，马会更加敏锐地做出回应，并留意驯马师的一举一动，因为它学会了要集中注意力。在此基础上，它将能更容易地进入更有难度的练习中去，并更快地取得成功。

牵引和前行的明确规则

当要求马向前运动时，大多数问题开始出现在引领上。在自然状态下，占统治地位的母马占据了领先地位。它走在马群的前面，其他马跟随着它。占统治地位的公马在后面依据自己能控制的速度来控制和驱动马群。

步下调教工作中，你就在马的肩膀旁边——原则上远落后于它的头，无法引导它走到正确的道路上，也无法从后面向前推动马。在马群中，小马会在它的妈妈或亲密的朋友旁边占据这个位置。作为一名驯马师、教练，你应该从这个位置引导、控制或驱动你的马。这

一点非常重要，这就是为什么马理解这一点，接受并尊重你在步下调教工作中接近。

你的身体语言必须清晰简洁，否则就会发生误解。不仅如此，在步下调教工作中，需要在马和驯马师之间制订明确的规则。当你站在马旁边时，你就能接近它的全身。一方面，驯马师需要自信和一致性；另一方面，需要马遵守纪律，逃跑、威胁或咬人是不可接受的行为模式，也不可以忘记相互尊重。

在日常工作中，无论是在打理、备鞍，还是牵行时，马都必须明确自己能做什么，不能做什么。在步下调教中也是如此。明确规则更容易进步，也能更快理解。在这种情况下，马必须明白，当你在它的肩膀一旁时，你既不是小马驹，也不是可以撕咬和威胁的玩伴。

基础慢步

在步下工作中，最舒服的步法就是慢步了。它是所有步法中最缓慢的一种，因此也就是最适合开始的，由于驯马师的身体条件和健康状况与马不同，不可能长时间跟着马在地面上快步。

除此之外，各种各样的训练内容让马有许多可思考的内容，马也不太可能会感到无聊。在接下来的训练中，不

仅马的能力能得到提高，驯马师的身体素质也能得到提高。因此，步下调教不仅是提供给你四条腿朋友的财富，也是对你的健康和健美大有益处的。

马的平衡能力以及自我承载能力将迅速提高，且将提高它收缩的能力。在这一阶段中，就没有什么内容阻碍快步中的工作了。正确的实施侧向运动能让马稍微懂得使用它的飞节和后躯承载重量，带来的好处是马会对自己的身体更有意识，并且做出更好的动作。

慢步前进

步下工作中向前进运动的扶助包括以下内容：

- 身体的张力；
- 身体的姿势；
- 声音；
- 鞭子。

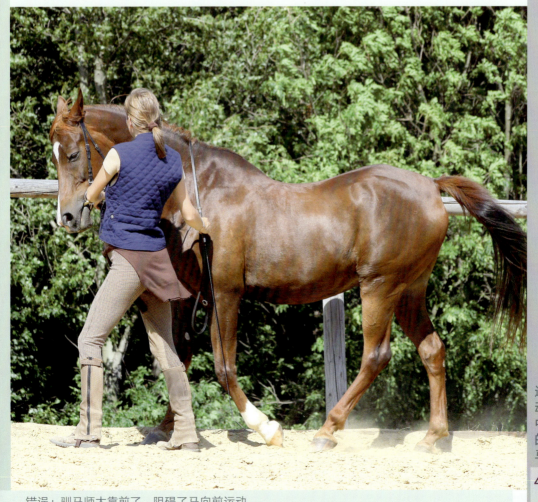

错误：驯马师太靠前了，阻碍了马向前运动。

运动中的马

首先是最重要的两点。之前我们讲解的基础站姿，而后让你的体内产生一种积极的张力，然后在转向你想要的方向之前，让自己集中注意力。在开始做第一步时，身体前倾。如果马没有反应，用一个鼓励的声音扶助（如"慢步"）。若它还是不动，你应该用鞭子先在肚带处给出轻轻的点击，然后在它臀部侧面点击。每匹马对鞭子的反应都不一样。因此你需要检验一下合适的力度。

鞭子的作用应在马做出反应后立刻停止。与一匹易紧张的马相比，懒惰的马更需要被唤醒。也许在空中摇晃鞭子产生一些声音会比单纯触碰它更有效。然而你这么做时：一旦你得到了马的回应——也就是向前——你必须停止扶助。只有这样，马才会响应轻微的扶助，而不是对扶助置若罔闻。永远不要忘记你的目标——因你身体给出扶助，得到马愿意前进的结果。

马不向前常见的原因是前进的路被堵住了。你会发现自己总是无意间站在太超前于马的位置。从静止开始的第一步，你的身体必须一直挨着马的肩膀。如果你使用让它向前的扶助，同时又站在了它的通道上，那么这个扶助就是不清晰的，且马会变得很紧张。

重点：身体的位置

从图①中你可以很清晰地看到你身体的位置是多么的重要。就在移动出去之前，驯马师微微地将身体转向运动的方向。

现在到第一步骤图②：右手腕控制鞭子的转动，使鞭子处于可使用的位置。如果马并不随你移动出去，那么可以用鞭子作用在肚带的位置上。这里同样需要你特别注意正确的站姿。马应当随驯马师向前迈出步伐，而不落后。马头必须保持在驯马师身体的前方。驯马师的左肩应当向远离马的方向转动，由此把道路让开。图③中你能看到为立定做的准备工作。驯马师微微向后移动了她的上身，朝向马的方向转动身体并立定。

①

通常来讲，缰绳上应当是没有压力的，但事实恰恰相反。一开始的时候，你应该在两侧都给缰，马应当对你身体的转动和立定做出反应，而不是依靠任何缰绳上向后的压力。

图④中，你可以看到马通过稍微打开脖子，来到了垂直面之前。

基本的规矩永远是：驯马师移动，马也应当移动。如果驯马师立定，马也应当立定。

立定

停止是简单的，或者非也？理论上讲，让马立定不应该是个问题。在你控制马的整个过程中，你停下让它站好：在打开的场地大门之前、在打理或放置马鞍时。尽管如此，你还是能看到很多人被马拖着团团转，而他们本应该是领头的。许多骑手最后没有办法只好加上衔铁来控制他们的马，至少在一段时间内，还是可以控制住马的。

然而在步下调教中，扶助对于立定来说具有重大的意义。如果你坐在马背上，做出要求立定时，它并没立即反应，那么你就多花几米的路程让它做到立定。但当你与它相邻地站在平地上时，这个作用就没有那么直接了。马生来就比我们强壮、比我们迅速，如果要多冲出去几米的路程才能立定下来，这意味着你的手臂要被痛苦地扭住，或者被它拖在身后。因此，要确保你每次要求时，马都能稳定地停下来，而你应该使用各种可用的扶助来实现这一点。

这就是为什么你应该使用声音指令做立定扶助。无论你说"停"或者"站"，重点是你说话的语调应该保持一致，一旦有好的反应迹象，应立即给予表扬。尤其是在开始时，尽可能广泛地选择有效的扶助——这样就更容易达到你想要的效果。如果你的指令加之你的

身体支持，就能达到要求的立定，那么你就不用再给其他更多的扶助了。这构成了一条众所周知的马术调教原则：只使用必要的，且越少越好！

步下调教的最大优势在于你没有骑在马背上。如果你坐在马鞍里，而你的马决定继续向前，那么你只能被迫继续随它走。而在步下调教中，你可以独立于你的马站在你自己的位置上。这是无比重要的扶助，这样才能让马清楚你到底想要它做什么。

使用调教笼头来实施扶助

使用调教笼头命令马立定和使用衔铁有几个方面的不同。要避免拉扯缰绳这一点是和用衔铁一样的。由此产生的压力压迫抗拒结果造成后退。这就是为什么实施扶助时要格外留意你的身体语言，这一点很重要。任何用笼头实施的扶助或半减却，应当就像颤动缰绳那样，或像摇铃那样——快速地在拿起和释放之间切换。

难题：马停不住

马不回应扶助、不立定的最常见原因是压力。不加控制地拉扯缰绳造成马嘴的疼痛；鞭子也是常常在无意识的情况下，一直保持在驱赶马前进的位置上，马受阻无法前进。所有这些都会造成紧张，使马不能以一种放松的方式安静地立定下来。

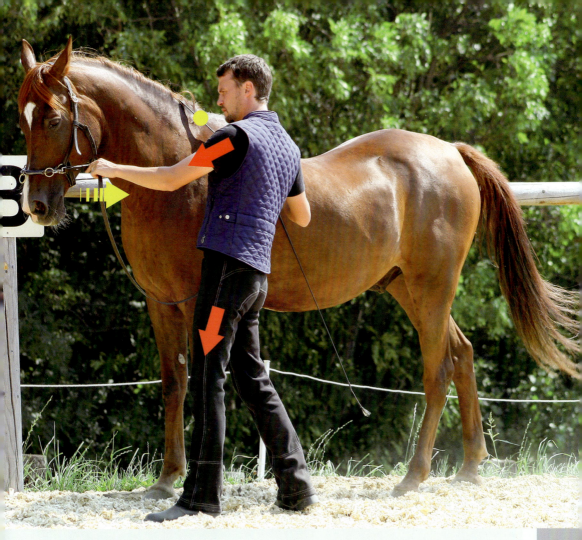

使用调教笼头的扶助细节

红色的箭头表示你的扶助。你的外方肩应当朝向马转动，你的臀稍微后倾，便于你的腿和大腿根部锁定在立定中。你的上身应略微在垂直面之后，以强调和强化你的身体信号。鞭子应指向下方，处于被动位置。如果有必要的话，内方缰可以做个半减却，记住握住外方缰不要使其产生压力，这样马才不会因误解而转向。

立定的扶助有：

- 身体的张力；
- 声音；
- 与马对应的身体站位；
- 缰绳的使用。

做立定时，你应当呼出气来放松身体，安静地指挥它立定，把你的身体转向马并给出缰绳。鞭子必须放低并在手中松弛地握着。不要忘了当它做到立定时立即表扬。

另一个可能导致马不服从你扶助的原因是，这匹马就是不理睬你，决定继续前进。这种情况下，应该稍微向马身前移动你的身体，另外加上你的声

这里鞭子还是在一个驱动的位置。马对此做出响应，所以不能立即停下。

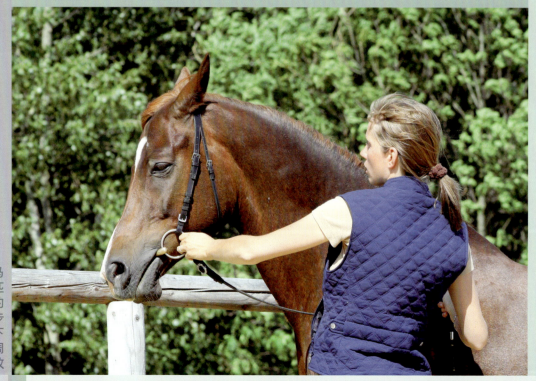

如果一匹马持续地拒绝立定，只能采取抓住衔铁这最后一个办法。一个向上的半减却就可以让最顽固不化的马做出反应。不过，这应该谨慎使用。下次，如果可能的话，应优先使用其他扶助手段。

音。实现立定的扶助中第四个元素现在可以与衔铁向上施压一起使用（见下页图）。这样一来，你等于把马收缩起来并将它的重心转移到身体后方。由于这种平衡的改变，它别无选择，只能停下来。

任何情况下你都不可以向下拉缰绳，也不能让缰绳被夺回去。这只会鼓励马和你来一场拉锯战。这样立定的马通常最后鼻子弯折到了垂直面之后，变得对抗衔铁——这是对训练过程起反作用的现象。

如果你要放弃自己在马肩部的站位，来让它达到更趋前的位置，还需要多加留意。这种情况下，重要的是和马身体的侧面保持一个安全距离，以避免被马撞倒。

学习立定是马调教极为关键的一点。没有立定，就没有骑乘。不幸的是，现在的人越来越轻视达到正确且平稳的立定的价值，这往往造成马嘴被一次又一次地拉扯。步下调教是从零教育马冷静、无压力且稳定地立定的最佳途径。

耐心中见优势

马在田野上几个小时站着不动也挺开心的。但在与人相处中的压力常常导致这一自然行为消失。如果在刷马时，马都不肯静止站立，那么在马厩和放牧场之间的距离，就更别想它会停下来了，在骑乘中它也更不会停下来一秒钟。

为什么会这样呢？首先也是最重要的一点，是我们的责任。在一个被繁忙日程安排和时间管理所控制的世界里，停顿似乎只会带来坏处。所以要做到稳定一致的立定，首先你需要冷静和耐心。不要不断地看表，或因为工作上的思虑，或私人情绪产生的压力干扰这

一小段时光。只有这样，才能确保你和你的马都达至精神的平衡，在立定中也一样。

安静的站立中，缰绳上的强力扶助是起反作用的。马嘴上的疼痛造成压力，压力会激发马的逃跑本能。

还有些马会试图逃脱，其他的还会直立起来面对并与危险战斗。每个人都能看出在骑手与马互相斗争的画面中没有谁看起来是会明显获胜的。因为通过步下调教的练习，很容易创造并完善一个良好立定的基础。

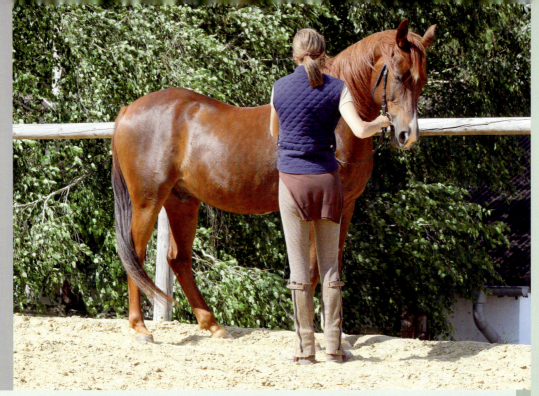

在马头的位置保持前倾站姿，将你整个身体转向它，用内方缰做半减却，所有这些结合起来将确保你的马会后退。

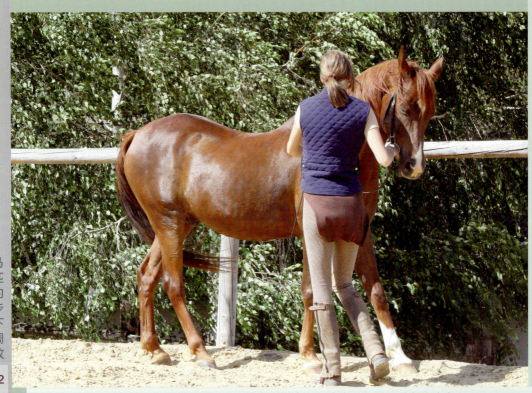

马将其重心向后转移，并用对角肢后退。外方围栏应当可防止马在后退时身体偏离。

后退

在慢步和立定之后，还有另一个马必须学习的基础课程：后退。这一课程也可以在步下调教中教授，通常也比骑乘中学得快且效果好。

具体操作步骤如下：

- 驯马师站位给了马第一个指令。你应当站在稍微靠近马头前面的位置，这样挡住它的视野。在最初的尝试中，你可能站在它面前的一个斜角上，以强调你自己身体的作用。千万不要站在它的正前方，因为如果马受到惊吓，你将有被碾压过去的风险。
- 你的声音指令应当是缓慢并拉长的"退～欸"，这强调了你的目的并将教会它这一指令。
- 缓慢而坚定地朝马移动步伐，同时在内方衔铁环上做出温和的半减却。伴随着声音指令，马应当后退。如果它没有这么做，为了支持你的扶助，你可以把手放在它的胸前，只使用必要的压力强化你的身体语言。

如果马是注意力集中并且努力学习的，你的身体语言应该就足够了，对于懒惰或者顽固的马，你可能在开始

时需要多一些的帮助。一旦马后退了一步，你必须马上停止要求，并立即表扬。下一次，你应当能够减少要求的力度，给马响应更精微扶助的机会。

马更加熟练之后，你上身一个轻微的转动和声音指令应当足够让马后退。你在马肩部的基本站位不应该丢失。

为了保持马的正直，可从外方蹄迹线上开始课程。如果它的臀部开始转向内方，那么应该也足以在后退中让它的脖子微微转向内方。

日常和体验

在开始步下调教的初期，马基本要做到以下几项：

- 响应扶助与驯马师向前走；
- 与它的驯马师保持相对站位；
- 不推搡人，不急迫；
- 当驯马师立定时，马也静止站立好；
- 习惯工作，不兴奋或沮丧。

要马习惯与你待在驯马场的任何一处位置上，以上这几点都应当熟练达成。关于训练模式，你不用太担心正确的弯曲。更重要的是，要让马保持与驯马师一样的姿势。

在曲线上，你绝大多数时候会在内方，并能够更多地观察你自己和马的姿势。逐渐地，扶助的精准性将变得更

在这个右转中，马向右远离驯马师的方向弯曲。左缰绳作用就是外方缰，右缰绳取代内方缰的作用。和立定时的屈挠一样，左手可以帮助把它的头带到右侧。

在这个图中很明显能看到驯马师是如何使马发生弯曲和屈挠的。这匹马专注着学习，它不需要一直围绕着驯马师做弯曲。右侧的内方缰根据圈程给出一定的弯曲程度。左手帮助马做到弯曲，并支持着右缰绳。

加重要。

对于一匹有前冲倾向的马，可以约束它在圈程上走较慢的步伐，由于你可以和它保持步伐一致，为自己选一个较小的距离，而不用急着跑起来。

如果，在变换里怀之后，你站在了外方，你自己的位置会稍微更靠前一些，因为马必须拉伸它的身体外侧（靠近你的一侧），这样就会拉长一些。由于你的手臂长度限制了你的行动范围，意味着你需要朝马的前方走近一些。

内方和外方

和骑乘中的定义一样：内方永远是马"凹陷"的一侧。如果马是向左转弯并向左弯曲，那么左侧就是马的内方。

如果马完全是笔直向前的，那么就不存在内方和外方。不过，作为参考，你可以将场地的中心看作内方。

在步下调教中，你不一定一直在内方，也可能在外方。马不会一直朝向你弯曲，也可能会反向远离你做弯曲。

调教路线解释

圈程，10米和6米的小回转（voltes），蛇形曲线等等都是步下调教中非常重要的路线。不是说要你追着马从一个路线进入另一个路线，而是让马获得需要的平衡，以一种柔软的姿势在训练场中工作。当你骑乘时，你就会知道这个工作能给你带来多大的助益了。

步下调教的一个非常突出的优势是你可以非常精确地执行调教路线，因为只需要你自己做对就行了。如果你能精确地做到一个圆形的圈程，那你的马就能做到一样的，如果你把圈程走小一点，最后就能获得一个小回转。方向非常好确定；作为驯马师，你可以更好地集中精力实现正确的弯曲和转弯，这对于马建立柔韧性和强健肌肉是非常必要的。

大场地

马应当在外方蹄迹线上，驯马师应该在内方蹄迹线上。在场地的长边，马需要保持正直，但是在大场地上，马

大场地

需要深入隔角。利用隔角实现弯曲会更简单，有了训练场的外方围栏，可以帮忙强化，甚至取代外方的支持扶助。对弯曲的准备是非常重要的。在到达隔角之前，马就应当向内方弯曲，来完成一个精准的弯曲。

出隔角后，马应当在内方手和外方缰的指导下回到正直。

在步下调教中，这一调教路线很少被使用，因为它距离太长，步行难以走完，而且这更像是牵着马散步，而不像一个真正的柔软训练。

圈程

第一个"真正的"调教路线是圈程。直径为20米圈程上的弧线对于教

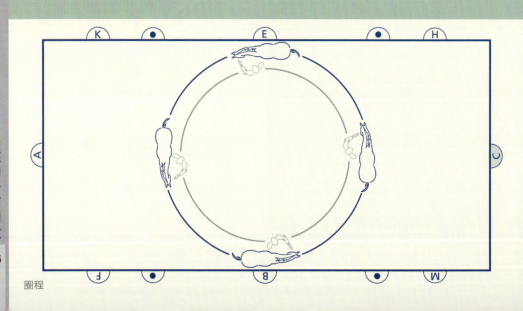

圈程

回转

育马弯曲和屈挠都是非常理想的。所做弯曲的程度也是比较小的。马的脖子必须被摆放到内方，以便获得正确维度上的弯曲。操作者自己应当在内方走较小的圈程，这样马就要比她走得更快。

圈程可以在训练场的中间进行或者可以从A点或C点开始。在后两者的情况中，当然是圆弧走过隅角的，马匹只是略过外方蹄迹线而已。

小圈－10米圈程及更小

一个圈程对于一匹年轻的马，就相当于一个回转对于一匹较高级的马。一开始从10米直径的小圈程，再逐渐到更小，要求马更高水平的灵活性和柔韧性。通过步下调教，是很容易在短时间内进入小圈程工作的，以识别并克服马匹先天弯曲不对称的问题。同样在回转上，马匹身体的弯曲需依循圈程的弧

度。这只有在做好必要的身体柔软准备训练才能实现——否则这匹弯曲不对称的马会试图逃避弯曲的工作，把后躯甩出来，肩冲到外方，或者栽到内方去。

单环或双环蛇形曲线

单环或双环蛇形曲线由一系列大小不等的圈程组成。在单环蛇形曲线中，通过第一个隅角的弯曲幅度更大，随之回到正直拉伸身体，然后在另一侧缰绳上做较小程度的弯曲，最后在第二个隅角上做更深程度的弯曲。

对于驯马师来说，这个路线包含一个回转，然后你站在马弯曲的中间，就如同在一个圈程上远离你，再次引导它进入回转之前，走成直线（参考变换里怀解释）。

单环或双环蛇形曲线是非常棒的

运动中的马

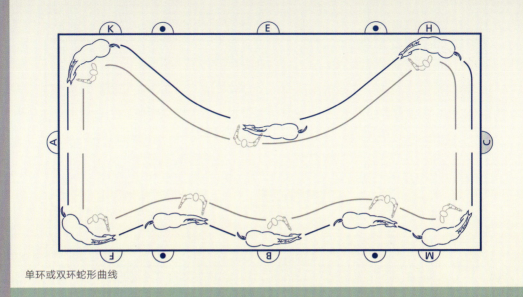

单环或双环蛇形曲线

练习，能在步下调教中练习弯曲方向的变化。扶助变化两次，而且训练场的外沿帮助实现路线的部分回转，所以除了所要求的弯曲程度，马不会把肩或臀甩出路线之外。

三环蛇形曲线

从单环蛇形曲线开始，到三环蛇形曲线直接横贯了调教场的宽度，这样每个环都能接触到场地的长边，给予了高级马匹多样性和更多的机会来练习步伐的转换，并结合侧向运动，或者将这两者结合。

原则上说，这和单环蛇形曲线没有什么不同。只是中间环对操作者的要求更高，因为他需要在马匹的外方走出一个半回转，并且必须自始至终非常精确地控制马的平衡和速度。对于马来

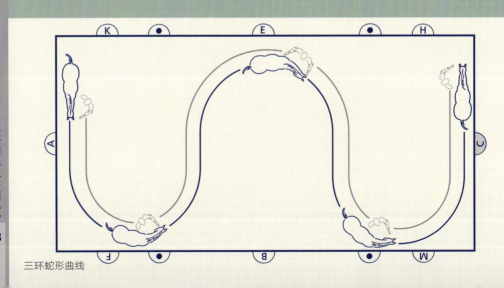

三环蛇形曲线

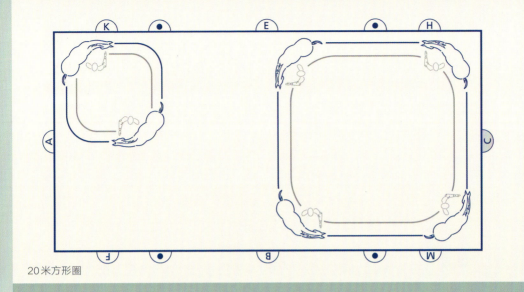

20米方形圈

说，每一个环必须要保持一样的大小，但对于驯马师来说，他们运动的环形大小取决于他相对于内方或外方的位置。

20米方形圈

这是步下调教中非常重要的一种路线。其真正的长度并非很长，训练场外沿的支持体现在了两个隔角上以及要求很高的弯曲。

它的效果是个正方形的环，相当于一匹高级马的方形回转。完成后者的隔角就像一个1/4定后肢旋转，这对柔软马匹是尤为有用的。结合侧向动作，这项练习不仅极其有益，且对马匹和操作者来说都是非常有趣的。

中心线

这一调教路线就是沿着中心线走，

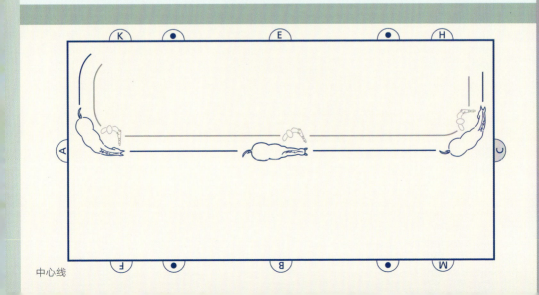

中心线

运动中的马

而步下调教工作就是检测马匹是否可以在没有场地围栏的帮助下保持正直。外方缰以及操作者的站位在这里是非常重要的，用来保证马匹不会后肢偏离。作为驯马师，你需要非常专注于场地两端的A点或C点：只有这样，马才能成功地完成这个练习，而不需要外方障碍物作为长期的辅助。

变换里怀的几种不同做法

与长缰不同，操作者只需跟着变换里怀的时候换边即可，操作者在变换里怀的时候依然保持不变。变换里怀意味着操作者行进在外方蹄迹线上，而马

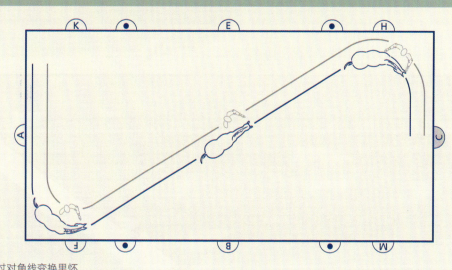

穿过对角线变换里怀

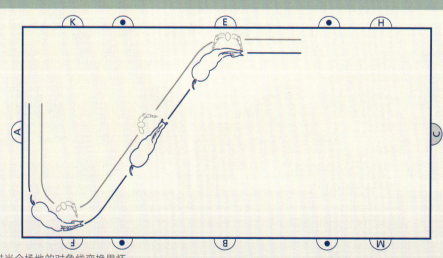

穿过半个场地的对角线变换里怀

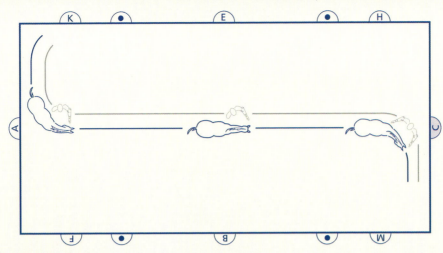

走出中心线变换里怀

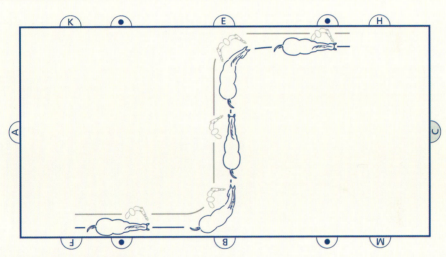

在B点和E点之间穿过场地中间变换里怀

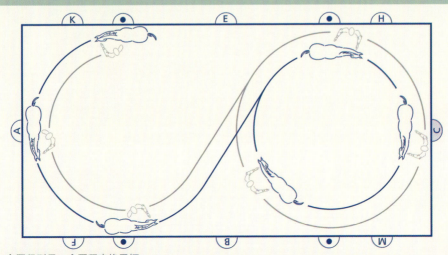

从一个圈程到另一个圈程变换里怀

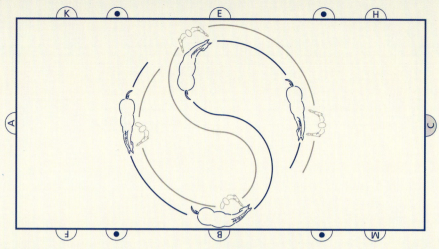

在圈程内变换里怀

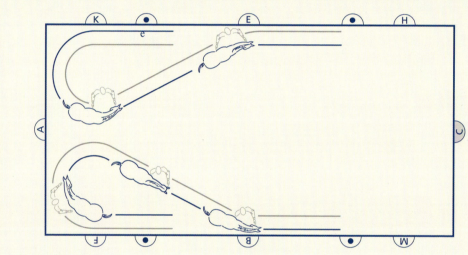

半圈程出隅角后变换里怀

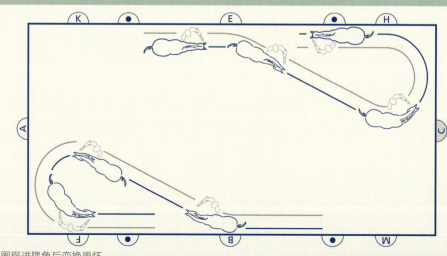

半圈程进隅角后变换里怀

马匹的步下调教

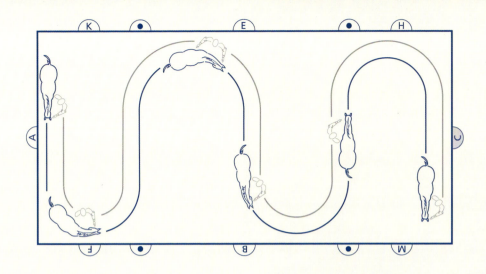

四个回转，每个都接触到蹄迹线。应该认识到这些回转的大小对操作者来说都是不同的，对马都是一样的。

在内方蹄迹线上。沿着直线走，即便很多马会试图移动到外方蹄迹线上，原则上也没有什么不同。很多情况下马把驯马师推到了更外方的位置上，这往往是马匹对人缺乏尊重的体现。一开始，你一定是通过保持一贯的正直和自信与之对抗，同时继续朝向预期的路线行进。如果马继续向外方推挤你，那么你应该伸出内方手臂让马保持在要求的距离外。作为最后的手段，你应该用鞭子轻轻拍它的肩膀，告诉它这些界限是不能跨越的。

由于在内方蹄迹线上的马会自动漂向外方，所以保持它的正直就更难了。在练习侧向运动时这会是有帮助的，然而在走直线的时候一定要避免。对操作者身体和缰绳位置精准且一致的控制是决定性的因素。

在弯曲的时候，马匹可能会朝远离操作者的方向弯曲。这样，马走的距离比操作者走的短，所以操作者必须比她在内方操作的时候走得要快一些。当换到外方去时，之前的内方缰变成了新的外方缰，反之亦然。现在鞭子放置在马身体拉伸的一侧，操作者应当能够从外方限制马的动作。

改变缰绳的机会是无限的。古典马术中有许多合适的调教动作，不过它们的原则从来都是相同的，因此在步下调教中，它们对于马和驯马师来说都是同样的挑战。

屈挠，弯曲，向前

让马平衡才能让它获得自我承载。让它在运动中保持平衡对驯马师意味着你要将马放置在一个轮廓和姿势中，来让它能够正确地在圈程中工作。保持通过初期工作中所获得的柔软和放松的动作是非常重要的。从现在开始，马匹应

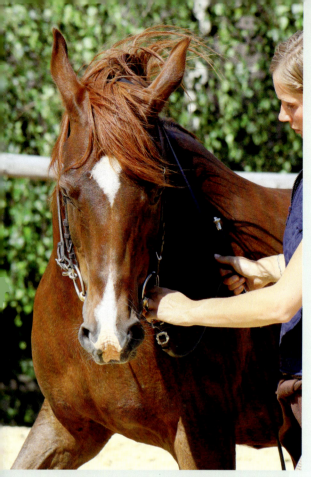

在圈程上，这匹马是正确屈挠和弯曲的，对轻微的扶助做出反应并保持自我承载。柔软且警觉，它已经准备好可以进入高级训练了。

当一直展现出正确的屈挠和弯曲，如果没有弯曲，原则上它就不能转弯——一匹柔软的马，不仅是在直线上，也能在狭窄或开阔的转弯上找到自己的平衡。一旦马匹明白了它新的轮廓和姿势的好处及在工作中对它的帮助，使它能够更轻盈和敏感地响应扶助，通往侧向运动的这扇大门将为它敞开。你要做的只是走进这扇大门。

葡萄牙大师 Nuno Oliveira 提炼了一个绝妙的驯马格言，可能总结了所有马匹的训练课程："准备，等待其发生。"这很好地表达了为什么马匹应当时刻保持平衡的道理，这样它才能意识到自己独立执行一个练习或一个动作时是多么容易。在静止和运动时的弯曲都是为所有进阶的课程做准备。如果马在这些基础工作中是放松且柔软的，它将会发现后面处理更难的练习时会相对简单些。侧向运动对许多人来说是一本封闭的书，但是多亏有了这些准备工作，使马既能理解，又能在身体上执行。

在圈程上

一旦马匹熟悉了调教路线，而且很容易牵行，容易教育，就可以开始在圈程上工作了。降低马头是第一目标，因为在这一动作中它的脖子更容易弯曲和屈挠——脖子下面的肌肉更加放松，就不会对操作者的手有太多抵抗。

从圈程上的E点或B点开始，从鼓励向下的缰绳作用开始（参见本书第33页）。一旦向前，多数马会觉得响应这个扶助没有什么困难。当马头降低了，内方手给它一个小小的半减却来把马头放到一侧，然后马将开始围绕驯马师转弯。

这一训练阶段中，至关重要的一点是，操作者需要坚定地走在他自己的圈程上，不得让马把他推离原本的位置，也不能在前面挡住马的运动。但在处理没有经验或僵硬的马匹时，可能不太容易。

马匹的步下调教

缰绳上的扶助鼓励马把缰绳放下来，达到一个更易于弯曲的姿势 ...

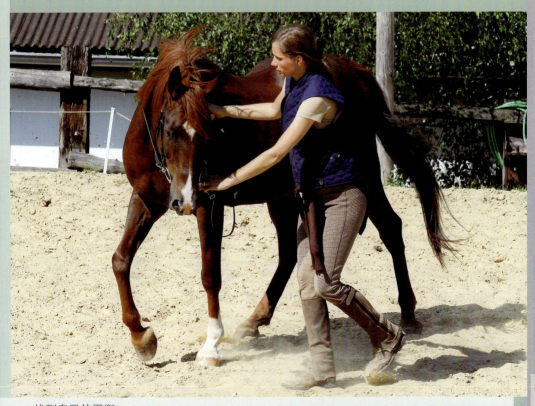

...找到自己的平衡。

手在脖子上的动作有时可以产生奇妙作用。

通常，马匹会稍微倒在内方肩上，让重量转移到内方，向外方弯曲，因此使得圈程变得更小。为应对这一情况，你应当抚摸或触摸马颈部的左侧，就像静止时所做的那样，必要时也可以按摩它。这一阶段拉扯内方缰是不会取得任何结果的。马只会抗拒施加在衔铁上的压力，并继续把重量压在内方肩上。

因此，手在脖子上的作用支持内方缰上的半减却。只有在步下调教中你才可以这样自由，做出有价值的扶助。骑乘时内方腿的作用可以更容易通过手来实现，而且（对于马来说）也更容易理解。

根本上说，脖子本身又长又高的马，与脖子短而粗的敦实的马相比较，屈挠不是太难。这些因素也决定了这一练习可以持续多久。马的颈部越难弯曲，或者头部越难向内方弯曲，你就需要坚持更长时间。

尤其是短脖子的马，它们很容易仰起头使颈部肌肉紧张。结果是，它迈出去的步子会非常短，会僵住它的脖子，马的身体也无法重塑。在这些情况下，需要减少弯曲，鼓励马再次低下头，以确保马继续向前。因此，它的后躯需要踏入身体下方。给缰一直是这项练习最重要的元素之一。目的是让马自己保持屈挠，而不需要衔铁的作用，你只是在手中感觉到缰绳的重量。

什么是正确的弯曲？

许多驯马师都担心在圈程上工作时马的外方肩会甩出去，更加担心过度弯曲。在立定中已经展示了这一工作，你不必害怕弯曲程度大。当在圈程上时，马可以弯曲到很大的程度。

在步下调教中，马的肩部落到外面的现象是很少见的，因为只要通过立定，驯马师就可以随时阻止这一情况的发生。很快马就会意识到当它躲避时，这位操作者不必跟着它，因为他不是坐在马鞍里的，而是继续保持他原本的圈程上的。缰绳不仅可以用于限制马匹，也可以用来使它停下。一旦驯马师的手臂加上外方缰的长度达到了极限，马匹将学会认识到这一点并接受这一活动的限制。只有处理非常大或长的马匹的情况下，才有必要要求更大的弯曲来增加对肩膀的控制。在圈程上做这个练习，先走小圈，再到大圈，特别有帮助，确保从头至尾屈挠和弯曲都是在控制之中的，并且要持续地检查外方弯曲的反应。

如果马的后躯确实会甩出去，你只需要向前躯移动并加快速度——现在没有骑乘中用于支持的外方腿。你通过前躯扩大圈程，并利用驱动扶助，否则这匹马的后躯很可能会更严重地甩到外面去。

推动肩膀向外移动，使得圈程变

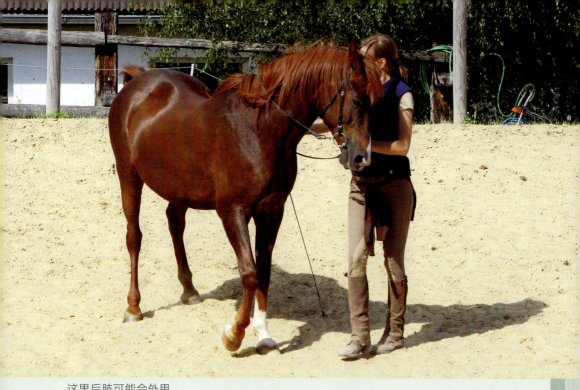

这里后肢可能会外甩。

马匹的步下调教

马肩更向外。

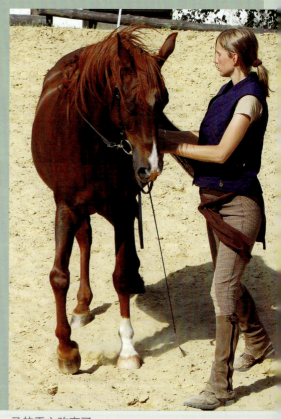

马的重心改变了。

得比原来预期的更大。圈程大小保持不变在后期的训练中是很重要的。只要你没有丢失掉对前躯和后躯的控制，圈程轨迹的对称性并没有那么重要。最要紧的是保持对马匹前躯的控制——这一点在整个训练过程中会变得越来越重要。

操作者的常见错误

最常见的错误之一是"紧紧贴在"马身边。如果你站得太近了，将难以正确地运用扶助。鞭子作为驱动扶助也难以起效，同时也侵犯了驯马师和马匹各自的空间。这样的位置也将让你失去对马匹整体情况的把握，你只能看到它的脖子，而不能组合出马匹全身状态的图像。再强调一次，这对即将到来的练习更为重要。

另一个错误是，保持在相对于马错误的位置。通常，驯马师在马的前方太远，因此阻挡了马的视野，起到了视觉上的"刹车"作用。

内方手臂的方向应该是作为参考点的，如果角度太大，那么通常你的位置就是错的。还有需要纠正的是，有些人常常倾向于把衔铁内侧的环往内方拉扯。外方缰绳就不再是一个轻盈的接触状态，衔铁在马嘴里被整个扯过来。这样一来，马就会抬起头。耳朵不再是水平的，它的口鼻会比它的项部更靠近驯马师。外方缰绳必须与内方缰绳上的

靠马太近

这可能会牺牲掉马对人的尊重。此外，鞭子在这个位置上是没有用的，因为你不能正确地使用它。手臂过度弯曲，无法保持距离。

这一动作是正确的

左臂微伸，外方缰可与衔铁建立柔软的联系，并建立恰当的距离，以保持尊重。

运动中的马

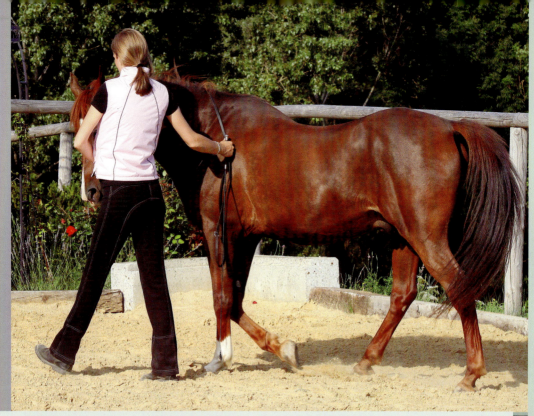

在这里操作者太靠前：她的左臂弯曲得太多，导致右手臂伸得太长。

好很多：站在肩膀处，内方手臂伸开。

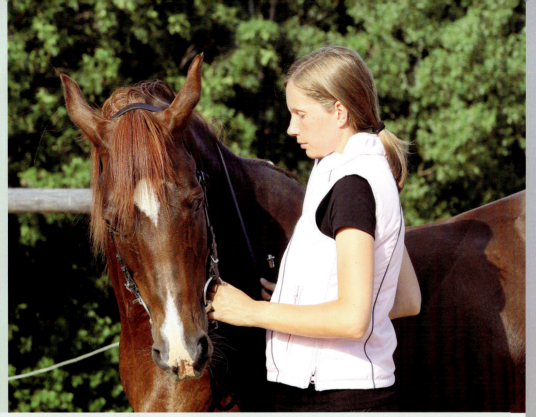

拉内方缰的反应：马歪头。

压力相同，并保持联系。内方手必须总是不断地给出，并要杜绝任何拉扯的风险。

使用调教笼头的扶助

在这一训练阶段，调教笼头显示出了它真正的实际效用。由于它直接影响弯曲，你有这样一个工具可以创造奇迹。

调教笼头，与水勒相反，它不存在"心理上的刹车"——马知道它嘴里是不能被拉扯的。通过鼻骨做出的训斥并不会影响效果，但这对马而言，可能是一种更容易理解的惩罚，因为它可以迅速做出反应。

没有这个"刹车"，懒惰的马通常更愿意合作，仅仅是向前走的运动中就会出现适当的弯曲。

给出的扶助应当和没有衔铁的时候所做的一样。调教笼头只有在内方手放低的时候才具有转弯的作用。如果给出半减却的手放得太高，那么调教笼头上的圆环角度就被改变了，效果也会大大减弱。升高的角度会导致鼻革被拉起，并引起摩擦。正是由于这个原因，内方手保持低位非常重要，任何命令都要从这个位置发出。

如果牵马的手处于正确的位置，马就很容易做到屈挠和弯曲。同样，在调教笼头中，马的头部不要太高，要能

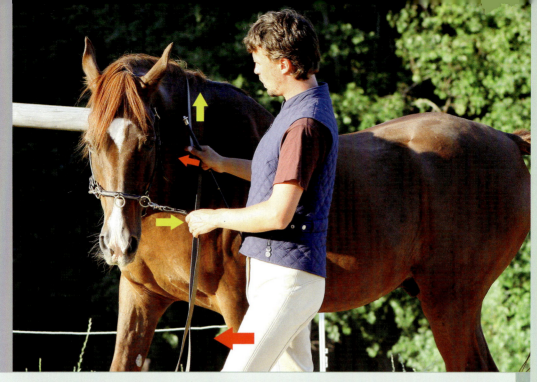

黄色箭头展示了通过缰绳给出扶助的方式。左边，内方缰要求弯曲，同时右边的外方缰放长，这样内方缰就不会造成限制或阻碍的效果。右手也可以放在脖子上来温柔地按摩颈部，同时操作者也应轻快地向前迈步（红色箭头）。

向外方弯曲主要是由手的作用创造的（这里是左手），将头向远离操作者推开，同时缩短右缰，这样就不会丢失联系（黄色箭头）。操作者的肩膀向马匹方向转动，他稍微加快了步伐，因为他即将在圈程上站到马的外侧。

和驯马师一起积极地移动。任何矫正都应该与使用水勒同样的方式进行。

向外方弯曲（远离驯马师方向）必须从内方手诱导，由于外方缰作用在鼻子上，与内方手相反，比较不明显：只有当训练提升了，马才会更清楚地理解外方缰的扶助，意味着你可以停止用内方手去推抵马脖子了。

在圈程上深踏

得益于在立定和慢步中做过的屈挠训练，马的前躯已经变得柔软且容易引导了，这样它就具备了必要的柔软性，以继续在后躯上进行体操训练。

你现在可以离开大圈程，开始在一个6~10米的小圈程上工作。在小圈程上的弯曲必须比之前的更明显，因为马匹需要它的后肢踏向身体重心。

马的内方臀必须比外方臀稍向前移动一些。如果之前做好正确的准备工作，这应当会自动发生的。驯马师不能只是控制弯曲，也要控制马的臀部。手或者鞭子需要放在腿通常放置的位置上，以影响后肢的运动，完美地模拟骑手的腿。

马会把更多的重量压在它的内方后肢上，让它更强壮并能更好地承载马匹的重量，所有这些都有助于马保持健康。它的重心稍稍向后转移，减少前躯的压力，它每天都会感觉更良好，也会享受它新培养出的自信。

这一训练中最重要的作用是识别出马的重心，并确保马的后肢向重心迈进。绝不要忘记你是不断地在马的身体承载能力边缘工作。对于柔韧性较差的马来说，在后肢上承受更大的压力是非常困难的。没有骑手的重量，用步下调教可以向马要求更多且进步更快——尽管如此，永远不要高估你的马朋友的能力。

只有遵循"少要求、多表扬"的原则，你才能把这些要求引申到马匹的快乐和热情上。

为鼓励马踏向它的重心，把回转扩大到10米直径是一个理想的练习。保持一个恒定的弯曲，向马的肩膀迈步。为确保后肢踏进重心之下，你应该将鞭子或手放置在马的一侧，也就是腿通常摆放的位置。通过请求马在圈上向外扩展，内方臀会自动向前迈进，你的手也会鼓励马的内方后肢深踏。

为了让你的手能得到想要的结果，你必须在正确的瞬间给出扶助，就像抬起腿向前走那样。只有这样，它才会离开地面，你作为操作者，才有机会影响它。如果它的腿落在地上，它的重量都压在这条腿上，那是不可能产生效果的。

骑手在骑乘中，常常在错误的瞬间使用腿部扶助，骑手会感到恼火或想知道为什么马没有足够的反应或甚至根本没有反应。然而，从马的角度来看，它是在被要求做一些它身体做不到的

重心

　　大的圆圈显示的是重心所在的区域，箭头指示的是内方后肢移动的方向。如上插图最左边马匹的表现，由于它臀部摆放的位置，马的后肢直接踏进重心正下方。此时，马必须在这条腿上承受更多的重量，而且它的负重能力还在提高。它的弯曲是正确的，马匹的脊椎是弯曲的；没有S形的曲线，由于臀部略微向前，马匹处于完美的平衡状态。

　　中间的马匹，你可以看见它的后肢踏在重心的后方，导致臀部甩在外面并逃避用臀部承载重量——结果就是马的步伐变短了。

　　右边的马匹显示了一个错误的臀部排列：后肢不可能深踏进马的身体下方，而是踏到重心的侧前方。这一例子实际上是最常见的，马试图逃避深踏就会这样做。年轻而僵硬的马尤其倾向于这种扭曲的动作，同时抗拒弯曲。

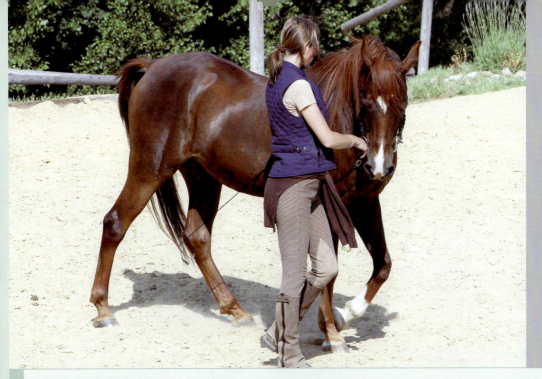

深踏进入重心之下

这匹马被完美地摆放和弯曲，以准备好让后肢深踏进入重心之下。
鞭子的作用是激活后肢…

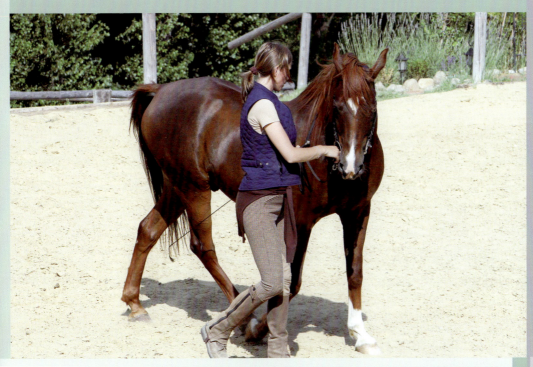

…如此一来，它很好地将后肢踏入身体之下并承载了它的重量。通过这一练习，马的平衡能力得到了充分的提高。

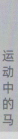

多亏了它臀部的位置，后躯很好地跨越过去了，后肢也找到了它的最优位置——就在它应该在的地方！

事。为避免这种误解，骑手必须能够感觉到他的马的运动，并随时知道后肢在干什么——这不是容易学会的。在步下调教中，你能够看见马在做什么，可以看到相关的后肢在什么时候向前移动，并可以被影响。就像腿部扶助一样，鞭子不能经常使用，而是在它的腿再次落地时释放。

问题：马匹不回应

如我们之前讨论的一样，你对时间点的把握必须非常准确，才能保证马匹可以响应你的要求。如果它不响应鞭子要求它深踏的扶助，你也可以运用你的手。大多数的马对手的响应好过对鞭子的响应。

通过将手掌内侧平放在马身上，也能增加你的可选项：你可以用一根手指轻轻地给马挠痒痒，或者用整个手掌来制造更大的压力。这一选项应该随着时间的推移，一旦马理解了你的要求，就应该用鞭子代替。

鞭子和手背应当触碰马的身体。

为了确保马不会不安或兴奋，鞭子绝不应该被用作惩罚，而只是扶助。如果马不尊重鞭子，那么你应该使用手做扶助。

在这个阶段使用鞭子来触碰马的后躯或四肢是不合适的，因为这通常会导致马走非常短小的步伐。但有些例外，如果马有打瞌睡的危险，或者太懒，或跟不上驯马师的步伐，可以使用。用鞭子短促明显地触碰可以使马的后躯"活跃起来"，但是用鞭子让马做深踏可能会适得其反。

问题：马匹踏在重心之后

如插图所示，臀部的位置和内方后肢的最终方向对于保证在一个小圈

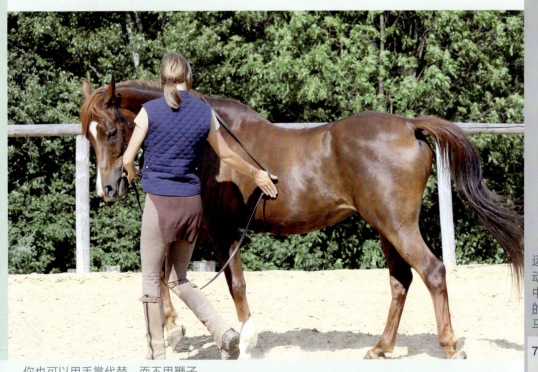

你也可以用手掌代替，而不用鞭子。

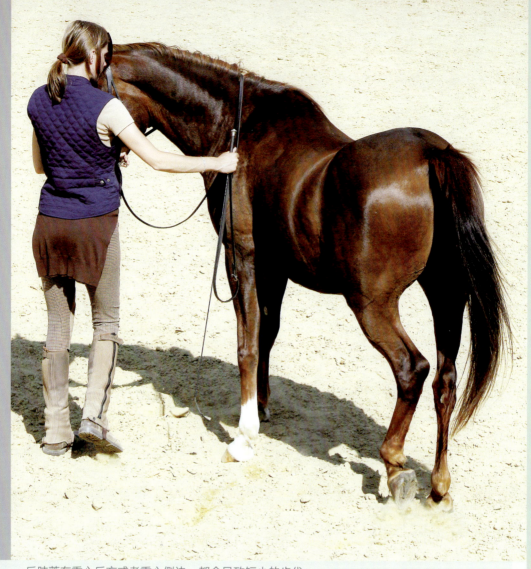

后肢落在重心后方或者重心侧边，都会导致短小的步伐。

程上做出的正确弯曲是决定性的。马必须在身体正下方迈出一大步——踏到重心之后或者侧边都会导致马匹的步伐短小。在大多数情况下，是因为马对鞭子的过度反应造成的，当马将整个臀部向外推，后躯则超过了前躯。为应对这种情况，你必须把前躯也向外带，而且使用鞭子扶助要更巧妙。

当你接近马的肩膀时，鞭子应该是消极的，这样马的后躯就不会被推出去。同时，你需要确保马匹保持一个充满活力的节奏，且必须用外方缰防止过度的弯曲。

臀部甩出是一个非常严重的错误，而且很难纠正，因为很明显没有骑手的腿可以使用。只有训练场的边缘和对脖

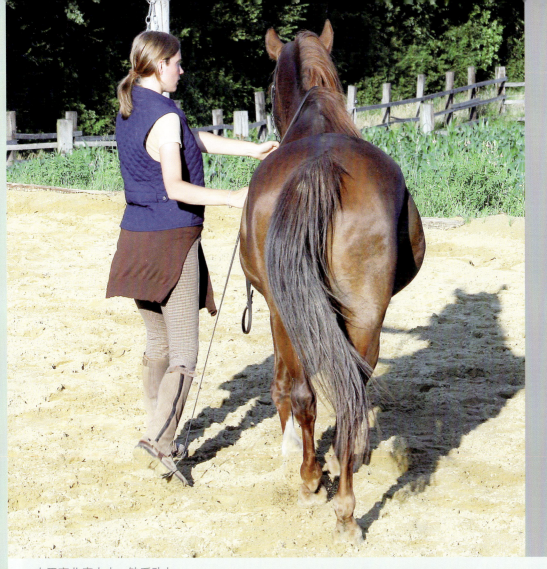

由于弯曲度太小，缺乏动力，
马的左后肢踏向内方，落在重心的一边。

子及肩膀的控制才能帮助驯马师（另见
"什么是正确的弯曲"，第67页）。

问题：马匹踏在内方，越过了重心

向重心的内侧方向踏进通常是缺乏弯曲的结果。要矫正这一点，需要更好地激活马的后肢并借用这创造一个柔软、均衡的弯曲。

你需要弯曲和屈挠马匹，在扩大圈程时小心地使用鞭子或手，让马通过臀部和前躯达到正确的姿势。

一匹马能够做到什么程度的深踏，取决于它的身体构造。短腿和瘦小的臀部让深踏更难实现。这就是为什么识别你的马匹的身体劣势是非常重要的。

肩　　内

关键练习

肩内是柔软马匹的重点训练内容。它能帮助马匹放松并释放肩部，并能训练后躯承载更多重量，使马的臀部更加灵活，优化扶助。

在骑马的历史上，有很多关于肩内的记载。大约400年前，Newcastle公爵第一次描述了在小圈程上的肩内。法国骑术大师François Robichon de la Guérinière重新修改了这个侧向运动，在直线上使用它以更好地放松马的肩膀。Gustav Steinbrecht对肩内做了最精确的处理，至今仍然适用。

今天，对于什么才是正确的角度有许多争论——马应该走出三条还是四条蹄迹线——根据他们的观点，人们常常会形成自己的一套理论。这倒不是步下调教中的问题，因为目标和它的正确执行将决定角度。

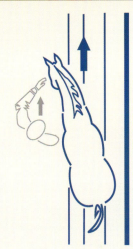

三条蹄迹线

四条蹄迹线

黄线表示实际的弯曲——由一系列线段组成的近椭圆形，脊柱上的变化并非流畅和均匀的。

红线表示的是一致的弯曲。

蓝线表示的是一个一致弯曲展现的理想弧线——即便实际上是不可能达到的。

马匹通体弯曲且在肩隆处保持一个深深的弯曲是不可能的。这里椭圆曲线被丢失了。

正常弯曲？

对于肩内最基本的要求之一是马匹的整个身体要有规整的弯曲。虽然这在理论上听起来不错，但在实践中却很难做到，因为马的脊椎不可能完全均匀地弯曲。特别是经过胸椎体部位（胸），侧向运动的范围是最小的，在肩胛骨周围，脊柱几乎不可能弯曲，而在颈部则相反，非常灵活。可以实现的弯曲更接近椭圆，而非一个弧线。

你会发现，如果原则是追求一个规整的弯曲，那么肩膀必须包括在整个

运动中，即使脖子的弯曲能力大于胸部或腰部。不能只是简单让马匹把重量转移到外方肩上。

在脖子上做一个深度弯曲并不是适得其反，而是反映了最初在立定中所做的工作。弯曲外侧的肌肉会被拉伸和放松，以帮助颈部的发展。即使弯曲在达到肩隆之前停止，它仍然可以帮助马匹释放和放松。只要马的外侧有什么东西，比如一堵墙或者场地的边沿，你就不用担心它的后躯会甩出去。但是，对于侧向运动来说，这种弯曲程度太大了，因为你试图阻止的还是会发生——肩膀落到外方。

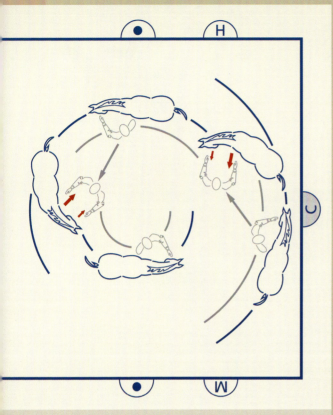

当你把马带向自己的那一刻，你就获得了你想要的效果——缰绳把肩部引向内方。在下一个更小的圈程中，你可以重新弯曲和屈挠马匹，然后再做肩内。通过伸展你的手臂，你可以确保马有足够的空间。

准备

通过使用弯曲和屈挠，加上在回转中鼓励后躯深踏的动作，马匹就可以用同样的平衡方式直线前进了。因此，大部分的准备工作已经完成：在一个圈程中，驯马师能够将马的肩膀移向外方，并提高马后躯的参与度，就像"肩内"这一表达方式清楚地暗示那样。

要做到这一点，你需要做一个缩小圈程的练习。这个练习是专门用来让你通过移动前躯更好地展示外方缰对马匹的影响。这个练习的重点是在马的肩膀上——你可以暂时忽略后躯。马必须知道驯马师可以用内方弯曲和屈挠把肩膀带进来。在圈程上开始做这个的时候，弯曲和屈挠马，并开始缩小圈程的大小。同时，使用两根缰绳把马的肩部带向内方。这么做的时候，把它的肩拉向你之前，你可以稍微伸出双臂。在这个练习中，缩小圈程不是在整个圈程中发生的，而是在一定的间隔中发生的：一个圈程，然后肩内；一个圈程，然后肩内。

侧向运动不需要在脖子部位发生很大的弯曲——这属于刚开始时的工作。然而，如果马变得非常紧张，不能继续以放松的方式完成侧向运动，你可以再回到这个动作。在侧向运动中，用来控制颈部弯曲的外方缰，随着时间推移，在骑乘中的使用会越来越重要。在步下调教中的巨大好处是，你也可以用内方手限制弯曲。

你和马之间的距离，加上稍微伸展的手臂，能将马的肩部初始设置为凸向外方。

在把它们带进来之前。

执行

现在你准备好了：马的肩膀可以向内移动，也可以向外移动，后躯可以更多地参与。这匹马现在已经准备好在直线上执行肩内了。

提升这种动作的一种方法是从直径20米的圈程上走出去，进入直线。你只需要改变运动方向，同时保持与圈程上一致的弯曲。

在圈程上，马需要正确地屈挠和弯曲。当你到达外方蹄迹线时，你向场地内走一步，把马的肩部带向你，并继续保持与蹄迹线平行前进。鞭子或你的手应该放在肚带处，只要它的肩部比臀部更加向内，马的内方后肢就能笔直地踏向重心——当你改变方向时，这应当自动发生。

当你的马保持肩内走出几步后，表扬它一下，然后回到圈程来结束这个练习。

如果你的马在肩内中项部抬得太高，脖子肌肉紧张，圈程上的训练也可能解决。像这样的马需要放松，并鼓励它在重新开始前向下寻找缰绳。

你也可以从角落或一个小圈程开始肩内。之前训练的弯曲程度决定了肩内的质量。因为在10米的圈程中马匹弯曲要大得多，只要它不改变弯曲，它会自动进入四条蹄迹线的肩内："从之前的课程中为下一课做好了准备。"这个原理贯穿马的整个训练过程，并让你提前知道接下来的训练质量会是如何。这就是为什么小心地为肩内动作做准备是如此的重要。

对于那些倾向于肩部突出的马匹，

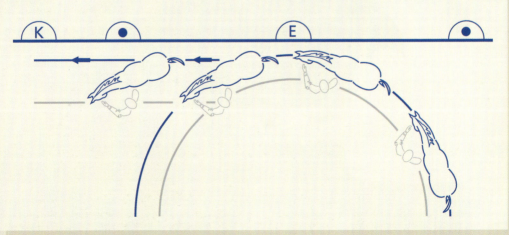

走出圈程可以提高肩内动作。

马匹的步下调教

马的内方后肢向外方前肢踏进——这样便是在三条蹄迹线上练习了。马匹看向调教场中央,肩部与场地围栏保持30°,它的弯曲就能够保持一致。

这种特殊的侧向运动可能会是一个真正的挑战。不能让它们弯曲太多,因为这样便允许整个肩部移到内方蹄迹线上了。

外方缰的联系必须要内方缰上的联系来支持。

如果前躯开始落向场地中央,那么缰绳上的控制必须是清晰和精确的。否则你会发现,马只是弯曲了脖子,身体的其他部位还在蹄迹线上,额外的重量都压在了肩膀上,于是成了对肩内练习的嘲讽。

尤其是对于体型较大的温血马,它的弯曲可能让它看起来像是在做一个肩内运动,在马鞍上更加难辨认。通常,马的脖子只是简单地向内方摆放,而肩部没有任何实际的控制。

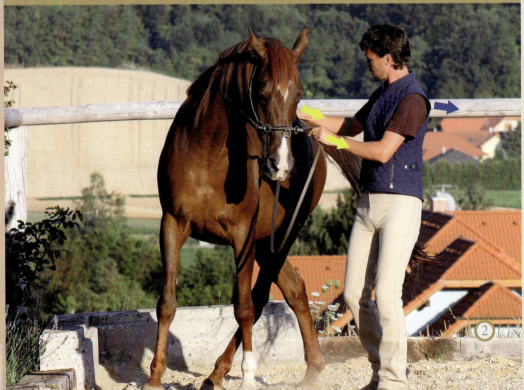

使用调教笼头

只要马在无衔铁状态下做好了所有的准备工作，也可以用调教笼头做肩内。内方缰是用来弯曲和屈挠马匹的，外方缰必须延长，直至达到所需的弯曲水平（黄色箭头）。半减却必须使马匹做到自我承载，如做不到这一点，做出一个正确的肩内是不可想象的。如果马不是那么容易弯曲和屈挠，可以进入

10米的小圈程来减轻所有抗拒。

驯马师选取的方向决定了马匹的方向（红色箭头）。

图②中蓝色箭头表示驯马师为了给马留出足够的空间，不得不稍微靠后。这匹马的前躯没有离开蹄迹线，存在一个它可能赖在场地外方不肯走的危险。

③

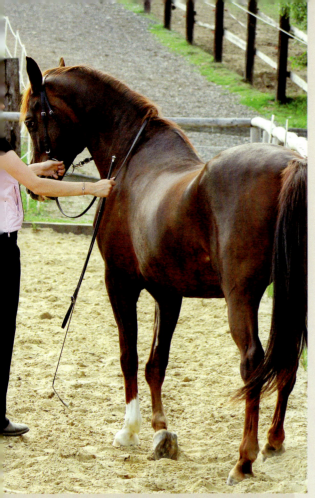

在四条蹄迹线上的肩内，马绝对不能被施加压力。驯马师和马匹的距离必须足够大，允许驯马师拿着鞭子的手可以精确地给出扶助。马匹也要能自如地移动，并在这种有难度的练习中保持自我承载。

四条蹄迹线上的肩内

在执行四条蹄迹线的肩内时，如果你站在马匹后方，你将看到马每条腿都会留下行走的痕迹，马的肩明显地朝向调教场内（它的身体与场地长边形的角度大概为45°）。

这种形式的肩内经常被摈除，即便它确实有相当大的优点。马的身体被极致地向场地外方拉伸，虽然它的后肢不再向它重心方向深踏，但由于步伐较短，后肢确实是进入身体下方的。快步时，马开始准备收缩，步下调教练习四蹄迹线的肩内是非常重要的，因为从场地上很容易以此发展成快步。从广义上说，由于需要弯曲，在慢步中做肩内可使马匹放松，而在快步中可使马匹收缩。

反肩内

在四个蹄迹线上执行肩内时，可能会发生马匹试图走向训练场内的情况，脱离了正确的姿势并有可能拦截你。阻止这一行为的最简单方式就是反肩内：外方蹄迹线限制方向，手拿鞭子来决定角度，必要时可增加。

马绕着操作者弯曲身体，并看向训练场外。前躯应当在内方蹄迹线上，臀部在下一个内方蹄迹线上，而外方蹄迹线是留给操作者的。

这种肩内可以在一个更大的角度（即四条蹄迹线）上完成。它不同于只在隅角执行的传统肩内，反肩内在圈程或隅角时的作用是不同的，否则它在原理上是完全一样的。重点是要确保角度不是太大，否则马可能无法将它的腿向前交叉，并可能绊倒。操作者需要走得稍快一点，因为他要走的路比马要远。最好是在长边末端走出隅角时变换里怀，开始这项练习。当前躯几乎要到外方蹄迹线上时，把后躯侧推到身体下方，这样就不会到蹄迹线上了。这样你就不会丢失弯曲，保持它和训练场外方边缘的角度。有一点很重要，你不允许马把驯马师挤向外方：它必须保持一定的距离。利用这一练习，马很快就能掌握四条蹄迹线上的肩内，且很快就能到中心线上执行了。

长远发展的练习

在步下调教中，肩内以及反肩内的练习都是非常重要的。尤其是四条蹄迹线上的工作被证明是最困难的，因为在室内训练场上工作时，有些马会感觉太靠近墙壁是可怕的。因此，建议开始时让身体和蹄迹线的角度成30°，在有了一定的调教工作之后再使用更大的角度。一个特定的练习将这些元素都结合了起来，并有助于建立任何所需的角度。

这项练习就是三条蹄迹线上的肩内，然后进入一个大约6米的圈程，再离开蹄迹线到直线上做四条蹄迹线的肩内，接着10米的圈程。对于驯马师来说，它要求使用扶助精确协调，同时控制肩部和后躯。

练习反肩内时，马匹绝不能向外方蹄迹线挤压。

一步接一步

1.长边上的肩内：马匹在隅角上开始进入三条蹄迹线的肩内状态，继续前行几米的距离。

2.进入回转：现在到了一个重要时刻——驯马师必须试着把后躯朝向外方转动半圈。这和让马匹在圈程上深踏练习是一样的（参见第73页）——不同的是你不把马的肩向外方移动，而是把肩带向你。前躯保持在内方，而后躯会做最大距离的转动。内方后肢稍微向重心后的方向迈进，这样后躯就比前躯更靠近中心线。

在肩内执行中，内方的屈挠（弯曲）应该保持不变，通过缰绳和鞭子的扶助组合应该把肩膀进一步带到内方，同时手握着鞭子把臀部推向更大的圈程。后躯这样旋转，直至达到一个角度，形成四条蹄迹线的肩内。

3.与长边平行的肩内：转弯后，驯马师改变方向，并沿着一条与长边平行的线向前。现在是四条蹄迹线上的肩内。节奏应当与半圈程上一致，并且绝不能随着你在训练场上的移动而增加。用外方缰做半减却，冷静的声音指令和稳健的步伐迅速让马恢复到要求的速度。这反映了在外方蹄迹线上的反肩内，虽然与其不同，离开蹄迹线更远，这么做依然可以让动作放慢。保持正直和稳定是非常重要的，以免让马感到不安。

4.半圈程：这一练习的结果是用半圈程回到外方蹄迹线，在那里重新开始练习。

你不能期望第一次就达到完美。但是几次尝试后，你的马应该已经掌握了你想要的，它应该会变得更容易——这同样适用于驯马师，他也需要学习如何更巧妙地使用扶助工具。这个练习的另一种变体是正方形的圈程，每条直边都由一个1/4圆连接起来。在不同边上的肩内角度可以改变，在每个隔角上可以重新设置。

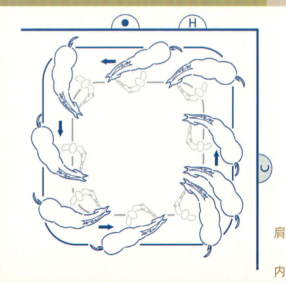

肩内

在快步中

　　马的慢步通常比人的慢步稍快一点点。加上转向和圈程，这一差异可以被克服，而且部分向前的活力可使马用于承载自己。然而快步是一种不能依靠人在地面上长时间维持的步法。

　　解决这一挑战的方法是利用侧向运动，需要马采取更短的步伐：步幅越短，速度越慢，而不会导致马拖拉四肢或者压到前躯上。在步下调教工作中开始引入快步，反肩内是一种理想的练习方式。训练场的外沿可以阻止马走得太快；鞭子可控制马后躯的角度并且确保马向前运动——不仅是侧着走，而且要向前。

　　通过四条蹄迹线上的运动，马匹后肢向前的踏步较短，而弯曲可以让它保持柔软，训练场外沿可以控制它的速度——这意味着即便是最爱向前的马匹，你也应当避免使用太多的蛮力使它慢下来。

　　马确实能很快适应所需求的速度，所以你不应该被它拖来拖去。马匹不应该自己进入快步，而是应该伸展步伐。急于转换步法只会鼓励马跑得更快，在某些情况下会导致马把这当作一种游戏，然后就跑得更快了。

总结

　　在开始时，非常重要的一点是只让马匹快步很短一段时间，当它听从命令时，结束练习并表扬它。

　　马必须认识到它已经正确完成了要求它做的事情，这一印象通过表扬得到加强，这将鼓励它继续按照要求一次又一次地执行快步。

转换进出快步

　　当马反肩内做快步时，你必须在你自己的身体上建立一定程度的张力，这将帮助马完成转换。在这之后，你应该采取更长的步伐，并用声音指令让它开始快步。如果做不出快步，那么至少在鞭子轻触之后——无论是在肚带上，还是在臀部——马应该立即开始快步。

　　正确的扶助顺序可做如下描述：
1. 绷起你自己的身体；
2. 向前运动；
3. 声音；
4. 鞭子。

　　同样，遵循的原则应该是"只做必要的，尽量少使用"。

　　尤其是在快步时，重要的是马不能推挤在外方蹄迹线上的操作者。在训练中，马应该已经确立了对人的尊重。为了不让马把它的后躯移开所要求

同样在快步中，内方缰绳要求弯曲，外方缰绳保持一个轻盈的联系，并决定所需的延长。这匹马在快步中已经表现稳定，鞭子只需要消极地握着，因为它不需要额外的鼓励来继续快步。

的蹄迹线，内方缰应当创造稍微多一些的弯曲，同时鞭子应要求在运动上有个更大的角度。转换回到慢步的扶助与立定的扶助相当。基本上，你所需要做的就是深呼吸，加之一个拖长的指令"慢～步！"

腰　外

准备

　　腰外的步下调教是在一个相关训练——腰内之前做的。驯马师应该站在第三条蹄迹线上，马的前躯在第二条蹄迹线上，它的后躯在外方（第一条）蹄迹线上。马匹应该面朝运动方向，且向同一方向弯曲。

从后方视角看腰外。
操作者站在马的外方，左手控制着外方缰，右手控制内方缰和鞭子。马看向运动的相同方向并朝向右方弯曲。

法来实现——通过伸展和放松肌肉，尤其通过特别设计的运动和承载能力的提高。法国骑术学派主要从马鞍上建立这些基础的原则，但当在地面工作时，这些元素就突显出来，从而使马获得极大的益处。François Baucher，法式骑术大师，研发了一个非常好的练习，为马打开了方便学习腰外这一被视作非常困难的侧向运动的途径。只需几步，它就能让马做好准备（不像肩内）将它的外方后肢带到身体之下，并向弯曲的方向移动。

步骤1：转动前躯

有一点需要从一开始就明确。这一练习是去往终点的手段，而非终点本身。通常一个人绝不应该要求马的内方后肢踏进并超越自己重心的位置，但这是一个例外。在立定中马应当向内方弯曲并屈挠，这样持鞭的手可以放在略微靠肚带后方的位置来轻柔地把它推转开。

后肢应当绕着几乎不离开一个点的前肢运动。如果马不理解侧向运动的扶助，你可以增加弯曲，同时用你的手或手指推它的腹部，帮助它理解需要做什么。这一项工作中选择使用的扶助，应当从打理马的时候就被它理解了，也就是当它在梳洗打理的时候，能将后躯向左右移动开。

一旦马对压力做出响应，无论是

向内方弯曲和屈挠（红色箭头），同样持鞭子的手给扶助（灰色箭头），导致马的后躯转动。

本书中所描述的练习起源于法式骑术学派。通过弯曲和屈挠的结合，步下调教工作将增加开始运动之前所需要的平衡，而不是反过来的顺序。这一点很重要，因为我们这位四条腿的伙伴在向前的运动中比我们有很大的优势。因此，柔软和训练必须利用其他方

来自鞭子的还是手指的扶助必须马上停止，只有到下一次需要的时候才能再使用。

内方缰帮助马头稳定在内方，时刻准备在它响应要求时释放给它。即使在做出侧向运动扶助的时候，外方缰也必须一直保持联系。

步骤2：扩展

一旦马匹允许它的后肢被移动了，你就离执行腰外更近一步了。在立定中，确保马匹是正直的，并让它移动它的后肢。

这里不同的是，你应该开始变换做出的扶助。作为"定前肢旋转"的扩展动作，内方缰变成了外方缰，反之亦然。但是，驱动马匹前进的扶助不变。应当用鞭子或你的手推动马的后肢绕着前肢旋转。内方缰的作用是阻止马匹向内方弯曲——因为它习惯定前肢转动，所以会立即尝试这么做。因此，内方缰和外方手负责保持马头尽可能正直，同时也鼓励后躯避让。

用一只手中执掌缰绳和鞭子对没有太多经验的操作者来说一开始会是一个挑战。手必须放低，这样缰绳在用来创造向前运动时才能产生正确的效果——对任何尝试步下调教的人来说都是一个真正的考验。最重要的支持来自另一只手，它需要保持马头的正直。

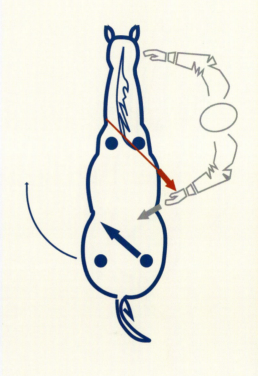

手把缰绳和鞭子握在一起有一个双重作用：缰绳可防止任何弯曲(红色箭头)，并在肚带处鼓励后腿移动（灰色箭头）。

步骤3：腰外做小圈

在一个小圈程上（10米）马现在需要向它运动的方向弯曲。因此，后躯应当走出一个比前躯更大的圈程。这是一个前进中的"定前肢旋转"的完整呈现。扶助被改变了，所以马被要求向且侧向移动。一旦马匹响应，放松扶助并且只在下一步再给出扶助。这中间应当有一系列清晰的流程，给出扶助，释放，并在每一步再给出扶助。

现在内方缰到外方缰的变化已经完成。操作者用新的内方缰控制屈挠和弯曲的程度，同时外方缰继续扮演支持的角色。

作为操作者，你应该完成一个小圈程，让马在运动中也完成一个圈程。逐渐地，可以做一个大圈程，始终确保后躯运动的距离最大。

在直线上的腰外

就如同肩内是柔软马匹和体操运动的关键训练一样，腰外是另一个建立健康、自信、有机动性马匹的基本构成要素。腰外可以影响马的表现力和举止，甚至让你怀疑这不是同一匹马。通过后肢承载自己的能力将逐渐提高，并且这一训练需要的特定肌肉的弯曲和拉伸将帮助创造一匹让人过目难忘的马，前躯更加抬升。

腰外也使步下调教的扶助更完整。一旦马执行了这一特定的侧向运动，它会熟悉很多不同的指令，会更好地理解它们的目的，并且准备好在骑乘中执行不同的动作。换言之，一旦你的步下工作达到了腰外的阶段，便打开了所有其他动作的大门。你只需要进行第一步…

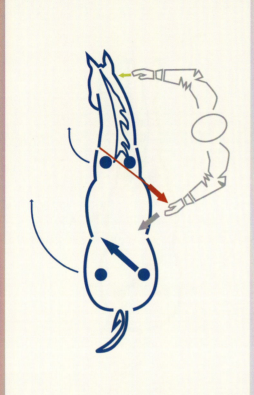

一个良好的准备工作的自然结果：有正确弯曲和屈挠的腰外。

远离驯马师的方向弯曲，而且之前内方后肢变成了外方后肢——如此腰外就诞生了！

创造动力的扶助和之前的一样。而现在鞭子要鼓励外方后肢来到身体下方。这么做的时候，时间点是很重要的：当后肢正要离开地面的时候，鞭子或手需要用来鼓励四肢在身体下向前并

在腰外上马的外形和轮廓都会受益。

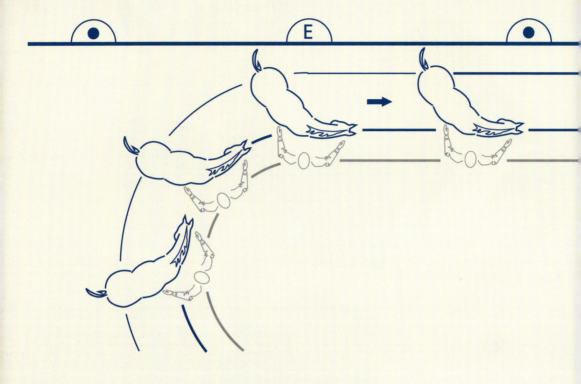

从圈程上的腰外转到直线上的腰外应该是相对容易的。

　　在直线上建立腰外的最轻松的办法，就是简单地在圈程上的外方蹄迹线上继续做腰外。至关重要的是，一旦从隅角的弧线上出来，驯马师要沿着蹄迹线保持自己的路线。场地的外方围栏会帮助保持它的方向，如此一来，这一练习对马或操作者来说都不是难题。

　　在步下调教中，腰外应当在四条蹄迹线上执行，尽管在慢步中这是很强的收缩动作。由于腰外创造了更短、更收缩的步伐和抬升的前躯，这一方式也可用于收缩快步。但是，尝试快步之前，慢步的腰外要得以保证，并且马匹应该是放松的，且接受缰绳和鞭子扶助。

　　马匹必须有很多的空间来真正展示它可以达到要求的那一角度。

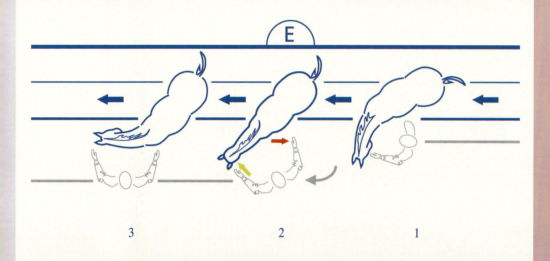

肩内到腰外

　　另一个做腰外的选项是改变肩内的弯曲方向。为了做到这一点，以一个很大的角度，在场地长边的外方蹄迹线上进行像慢动作一般的慢步。现在开始改变它的弯曲。非常小心地拿起外方缰，用一个轻柔的半减却来朝向运动的方向改变它的弯曲方向（红色箭头）。内方缰（黄色箭头）支持并允许这样。鞭子放置在肚带稍靠后的位置，并继续驱动内方后肢侧向移动。

　　同时操作者应该从外方蹄迹线上向内迈一大步（灰色箭头），这样脖子上的肌肉向远离她的方向拉伸，但不会失去与马嘴的联系。

　　最终，扶助变化了，马重新建立了平衡，朝操作者的反向弯曲，在长边进入腰外。

　　这种运用腰外的方式不仅非常优雅，而且它能让一匹有天分的马很快地发展它的能力。除此之外，你必须非常小心地运用这个方法来确保马恰当地改变全身的弯曲，而不只是脖子上的弯曲。尤其是短脖子的马，它很难从这个方法中提高它的腰外。它们可以控制自己的身体，使扶助无法变换内方缰和外方缰。对它们来说最佳的方式是在小回转之后实现腰外。

腰　　内

准备

　　腰内区别腰外只在于外方蹄迹线上的是马的头部，而不是它的后躯。在腰内中，马一样是向运动方向屈挠并弯曲，但是它的后躯在内方。操作者站在外方蹄迹线上，马的前躯在第二条蹄迹线上，后躯在第三条蹄迹线上。

　　腰内的浅角可以让身体更温柔地弯曲。外方后肢很好地踏到身体的重心之下，并承载了大量的重量。与腰外的四条蹄迹线或者斜横步相比，前肢也交叉并且马的脖子部位比身体其他部位发生的弯曲更多。如此一来，就存在马

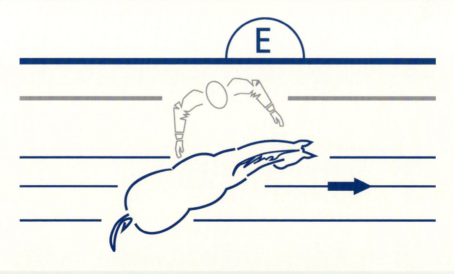

腰内是在三条蹄迹线上执行的。后肢交叉并且前躯应该摆在稍稍靠前的位置。

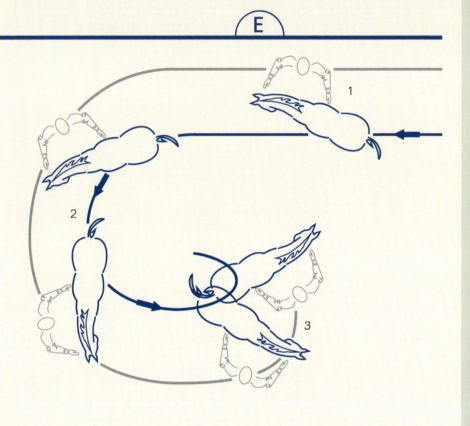

直线上的腰内（1），随之是一个小回转（2），转弯做一个慢步定后肢旋转（3）。

只在脖子部位发生弯曲的危险，内方臀并没有真正地参与，也没有通过运动向前。但背部较短的马匹情况不同：它们的角度可以再大些，因为它们的背部较短，所以不太可能跨越身体的重心。

由于外方蹄迹线是给操作者保留的，站立在马的外方，内方腿的作用在这个侧向运动中实际上是缺失的。由于这一点，你必须小心它的臀，不要向场地的中间偏移太多。如果偏移了，你应该快速向前移动并减小弯曲。

在腰外工作中安全稳定的马匹做腰内工作应该没有任何问题，并可以很快练习慢步定后肢了。

从圈程上的腰内到慢步定后肢旋转

定后肢旋转也是一个目标。它应该用来收缩、抬升前躯并拉伸后肢。和所有其他练习一样，它被用作达到目的的一种手段——最终形成一匹更平衡的马。从马的角度讲，所有这些不同的练习发生的是它的平衡被移动并改变。你在帮助马进入某种姿态——允许它运用不同区域的平衡执行各种不同的动作——慢步定后肢旋转也是同样的情况。

从直线上的腰内朝向这一点工作，到训练场的隅角内进入小回转。马必须保持在圈程上，它的后肢做更小的圈程。小回转的尺寸逐渐缩小，直到你最后完成一个慢步的定后肢旋转。

通过这种练习，你可以控制外方后腿，这需要踏向身体的下方并充分展示它的体操潜能。

如果这个练习准备得当，它应该很容易执行。这一情况中，圈程的尺寸缩减需要非常小心地进行，到后来变成定后肢旋转，或换言之，以后肢为轴转身。

圈程上的腰内必须非常慢，要控制好每一个步伐，且你的姿势要随时能够使马立定。不像在直线上的腰内，角度一定要更大，但脖子上的弯曲一定不能增加，由于定后肢旋转引发的是前躯的更大程度的抬升，如果脖子的弯曲程度太大，会阻碍其抬升。马的前躯抬升越高，脖子的弯曲应当越少。

鞭子积极地控制外方后肢——但应比平常情况使用稍早一些。这一练习是清楚地导向收缩的，必须鼓励马匹后肢更活跃地踏进。鞭子只应当在它的外方后肢离地之前点击，鼓励它做得更迅速。

圈程越小，操作者越需要把自己转向马脖子。马的前躯应该绕后肢做一个更大的圈程，因为人站在马的前躯外方，所以操作者必须在圈程上跟随马匹移动。在肩旁的常规站姿需要被舍弃，而是应更靠近马头。在慢步定后肢旋转中，操作者应当总是前侧方行走。

当第一次实施的时候，非常重要的是抬起马的前端。如同在基础工作中，这可以通过用缰绳向上向马的嘴角拿起，建立更坚定的联系来实现，这也是抑制马的做法。

积极地抬起马的脖子，在传统骑乘中勾勒出这样的轮廓是禁忌之一，因为有可能马的背会凹陷。然而，在法国骑术学校，这几乎都做过头了，并构成了传统的基石。

步下调教中，应该采取中间路线。马匹应当理解抬起前躯的扶助。在需要的时候，如现在这个情况，驯马师可以使用这一扶助来帮助马进行这个练习。

在缩小圈程时，你应当给出一个向上的半减却。马匹应该从肩隆向上抬起它的脖子做出回应。向前的扶助应当保持活跃，这样马匹才知道它不仅需要抬起前躯，还要在后肢上保持活跃。

对于定后肢旋转的必要扶助

红色箭头显示外方缰向上的半减却。它抬起马前躯的同时抑制并牵制它。蓝色箭头显示内方缰的联系。拿起一个更强的联系创造的弯曲，同时另一只手也在支持。

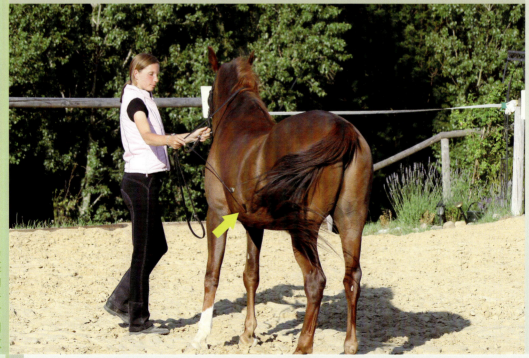

鞭子（黄色箭头）可以作为一个例外。作用在马的胁腹上。驯马师需要正直地站立，持续且审慎地带着前躯绕着后躯转动。

然而，当你开始练习定后肢旋转时，你不应该要求马太多。只要求两三步然后立刻停下来，好让马可以向下伸展。清晰地表扬它做得好可以帮助你强化这一课的效果。

如果马转动后肢，而不是踏步——抬起脚再放下——立马放大圈程，回到腰内再重新开始。圈程应当缩小多少取决于马。不要贪快贪多；一次只缩小几米，这样一来就是少量多次！

只有当马在经历圈程尺寸的缩小时你才应该再进一步。正如最初指明的，你并不一定要达到最完美的定后肢旋转。到达那一步提供了马所需要的所有锻炼。

腰内出来变肩内

另一个提高这一动作的选项是，在外方蹄迹线上的肩内提升腰内。这样做的优势是你不需要改变弯曲。腰内的弯曲和肩内的弯曲一样。整个身体转动了一下，所以保持一致的弯曲把肩带到了外方蹄迹线上。在此过程中，驯马师将他的外方手向上移向马的脖子，将他的外方肩向内转向马匹，实际上是在绕着自己的轴转动。由于马保持一样的弯曲，马立即重新平衡了自己变成腰内。

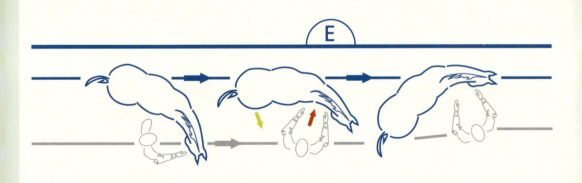

从肩内出来（1），马一步一步地变成了腰内。

在肩内中，角度不能太大，以确保你不会为了让内方臀真的比外方臀更加靠前而不得不把马肩带离蹄迹线太多。

借此它的后肢将自动移向场地的新蹄迹线上。驯马师还是在马的内方，使马的肩保持在蹄迹线上，也能更好地控制弯曲和屈挠。

不利之处在于你需要一些物体在外方作为障碍物。这只是适合外方蹄迹线上的腰内，通常只用来帮助矫正皮亚夫。在所有其他情况中，站在马的外方更好。

为了转动它的身体，你需要将自己的上半身朝运动方向相反的方向转动，同时面向马肩。你可以将一只手放在它的脖子上，创造出一个温柔的弯曲。

从肩内到腰内的变化起效了。你现在应该倒退走，让你的左手保持在它的脖子上，以维持弯曲。手臂伸展出去让马和训练场的外围保持正确的距离，训练场的边形成了马外方的自然障碍。

斜 横 步

内在图像

斜横步是与腰内和腰外非常相关的。马如果已经理解了这两种动作，应该很快就能学会斜横步。

真正的难点在于抑制。斜横步的动作在场地中间发生，没有周边的障碍物来辅助马，外方只有操作者。

在斜横步中，马是朝运动方向弯曲和屈挠的。角度和腰外一样——四条蹄迹线，前后肢交叉行进。在骑乘斜横步时，前躯应当领先——换言之，从正前方或上方观察，马的前躯在运动方向上稍领先后肢。

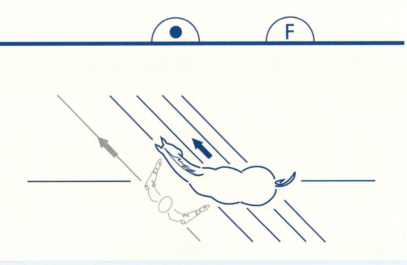

向左的斜横步。马的胸部以后，身体几乎与场地的长边平行。

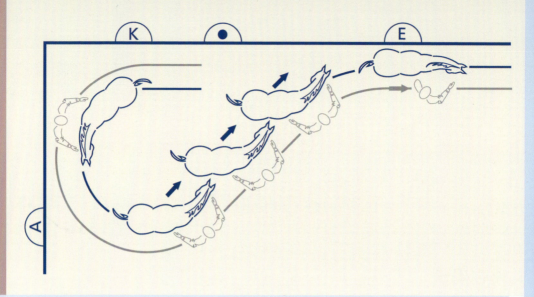

这一侧向运动是在一条对角线上并平行于长边执行的。你一定要非常清楚这其中需要什么——它很大程度上简化了练习。内在的斜横步的图像将确保这一课能被正确地执行。同样这也允许你能够为了达到这一目标，专注训练场的边缘。一旦马匹清楚了它被要求去哪里，由其他侧向运动提供的准备工作将能帮助它成功地做到斜横步。

准备和执行

建立斜横步的最简单方式是在变换里怀的时候做。最合适的是在隅角出来的时候变换里怀，因为回到外方蹄迹线的距离相对较短，所以在开始的时候马没必要走太多斜横步。

操作者必须把自己放置在长边的外方，这样他能用正确的姿势做斜横步。然后他将站在马的内方回到长边。作为准备，应从一个10米的半圈程开始。马应该向远离操作者的方向弯曲，以这样的姿势它的身体达到一条与长边平行的线，它的后躯被侧向推动。这将导致外方后肢很好地在身体下踏向斜前方。缰绳控制肩部，鞭子控制后躯。马应当在一条对角线上做斜横步回到外方蹄迹线上，一旦到达了外方蹄迹线，马应当向内方弯曲。

一旦马匹熟练掌握侧向运动，你应当关注马的向前运动，这样它的斜横步才能执行得更富有动力。通过这样做，马将逐渐学会保持动力和向前的趋势。

在这一阶段的训练中，所有的必要纠正都会自动发生。马的肩也许需要向左或向右移动一些，或者为了纠正角度需要鼓励后肢跨过来更多。这时你自

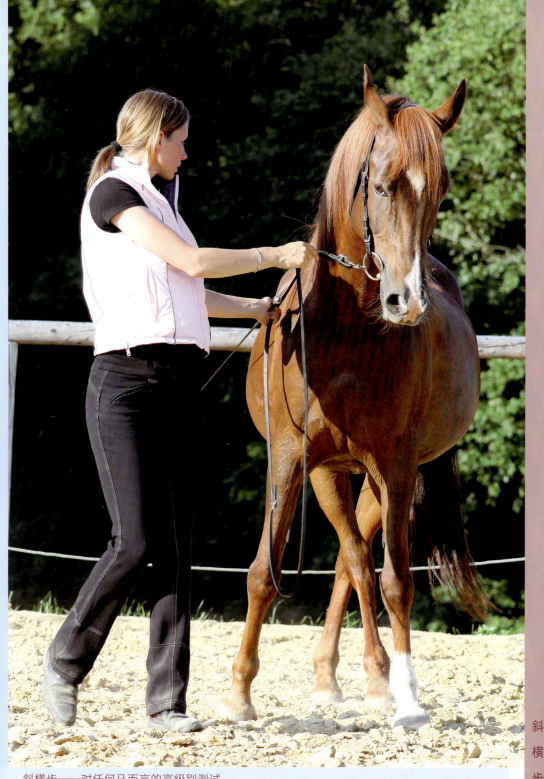

斜横步——对任何马而言的高级别测试。

己的眼睛会被训练出能够识别什么是正确的，所以这件事就是需要多练习，为了鼓励马达到更高级别的自信，要从马身上获得更多的表现力。

通过这些课程，现在马匹应当处于完美的平衡中，如果需要，能很快进入更高级的"高级调教"动作。无论你决定做什么，新获得的平衡和柔韧性不仅对你的马在训练场内的表现有益处，而且对它一生的生活质量也有好处。

快步中的斜横步

一旦反肩内可以在快步中完成，马就已经习惯在这种步伐中完成动作，没有什么将妨碍它用快步完成所有的侧向运动。在每一个练习中，马将更接近达成收缩快步。完成一个优质的快步斜横步，是训练任何马匹过程的一个真正的成就——马和它的驯马师都会有这种感觉。

即便马的后肢和前肢都在交叉，它还是太笔直了。手腕放松，左手（红箭头）需要以似脉动一般有节奏地朝地面引导，更多地弯曲马匹。同时它还控制肩部，这样这个与鞭子连接的角度不会被丢失。右手（黄箭头）支持着左手。

用调教笼头做斜横步

使用调教笼头执行斜横步最大的困难是获得并保持远离操作者的正确弯曲。要做到这一点，马匹必须能够响应非常轻微的弯曲变化。调教笼头只能

给出帮助马进入新的弯曲的信号。只要你还需要使用持鞭的手去创造弯曲，那你现在开始斜横步就有点儿为时过早了。回到圈程和回转，站在马的外方，这样能帮它养成远离操作者弯曲和屈挠的习惯。只有这样，你才能进入斜横步。

在纠正之后，展现出了一个正确弯曲的优质斜横步。

组合侧向运动

多种变体

　　侧向运动的组合是体操运动的精髓。现在马匹已经熟练掌握了所有的侧向运动，你可以努力去完善它们。它们变化无穷。只是操作者的位置在马匹的左或右限制了一些可能。你不能在马做肩内的时候站在它的外方，或在它腰内的时候站在它内方。因此，你应当自信哪种组合你是可以使用的，并在马的哪一侧操作。

　　在接下来的章节中，将列出许多组合各种动作的例子，这些动作可在步下调教中做，也可以在骑乘中执行。推荐给经验丰富和高级别的马匹，这对马匹和操作者都是一个巨大的挑战。不过，其中的一部分动作也可用于经验较少的人马组合。如果是这种情况，那么在开始时，动作的各个环节都应该被单独、逐步地进行，最后再将它们整体地结合起来。

　　正确地判断一匹马的能力很重要，

这样就不会在短时间内要求太多。通常做10米圈程比做定后肢旋转更好，这样不会让马的肌肉过度紧张。下面的练习对马和驯马师的身心都是有要求的。从一个侧向运动快速转换到另一个侧向运动对大脑也需要一个巨大的努力。

　　体操锻炼不仅是强健身体，还能锻炼心智！

三环蛇形合并侧向运动

　　在短边上开始肩内，在第一环上保持一样的弯曲。在第一环之后，在第二环做腰内之前的场地中间，马应当恢复正直。必须是后肢走过的距离短，马向远离操作者方向弯曲，操作者在马的外方。在这之后，马恢复正直，在进入第三环之前，马需要向场地内方弯曲，这样它才能在最后一环中处于一个正确的姿态和角度上。几乎在最后一环的结

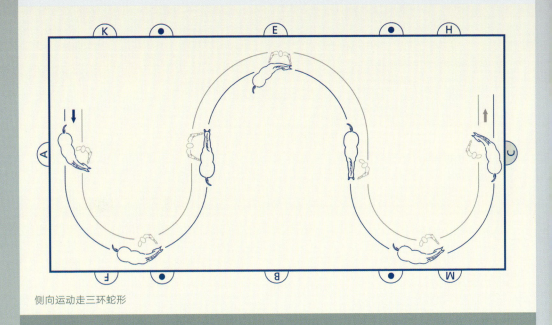

侧向运动走三环蛇形

尾处，肩要稍微带进内方，这样前躯几乎要开始一个10米圈程，然后再次继续在短边上做肩内。

单环和双环蛇形

在单环的蛇形路线中，尤其要注意在后半部分中的斜横步动作。当你到达那一点时必须改变弯曲（1），引入斜横步（2）。你只需要求后躯承载，就有了斜横步。双环蛇形提供了两种合并侧向运动的可能：在隅角后，不要改变弯曲，但是当你改变方向时，应该在短的对角线上，几乎像自动产生出肩内（3）一直到墙边。从那里（4）开始向场地中间进入第二环，在到达顶点时改变弯曲并要求几步斜横步（5）。

8字形侧向运动

圈程是非常适合在弧线上练习侧向运动的组合：第一个圈程要求肩内，第二个圈程做腰内。这是联系两种动作的最简单方式。8字中间交叉的线尤为重要，在这里马总是应当恢复正直并且准备好下一个动作。

在8字上的两个进一步的组合：

- 第一个圈程上肩内，第二个圈程上反肩内；
- 第一个圈程上腰内，第二个圈程上腰外。

这两种变化都不需要马匹在中间变直，弯曲和屈挠没有变化，只是方向改变。

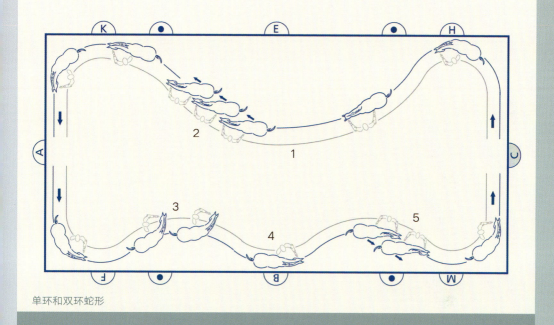

单环和双环蛇形

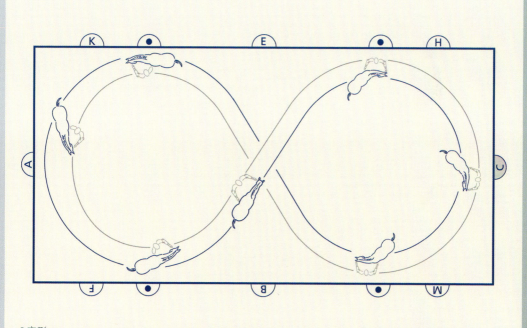

8字形

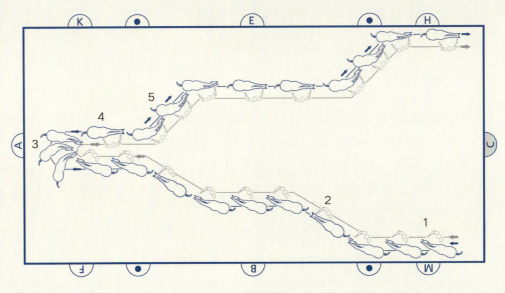

肩内和斜横步

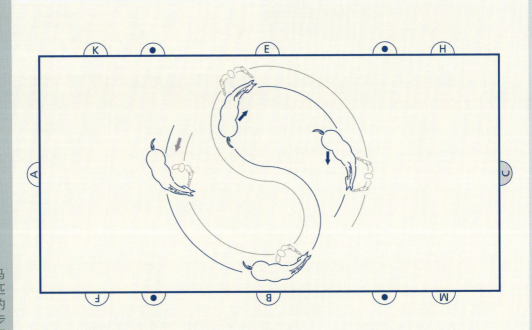

在圈程上变换里怀合并侧向运动

肩内和斜横步

从肩内（1）朝向场地中间慢步，确保它在短对角线上正直（2）。紧接着几步肩内。在场地末端定前肢旋转（3），然后笔直向前走几步（4）进入斜横步（5）。重复这些直到外方蹄迹线上。

在圈程上变换里怀合并侧向运动

在圈程上变换里怀提供了两种不同组合动作的机会。开始在圈程上做肩内，在圈程中间的时候，变换里怀之时改变弯曲，在后躯开始新的圈程之前，允许后躯侧向走，在圈程上创造腰内。这一练习的进一步变化，会从腰外变到腰内，或从反肩内到肩内。这些情况下马在圈程中间不改变弯曲，会让它更轻松些。

三角形

三角形路线包含两个对角线和一条直线，提供了一个侧向运动和回转组合的绝佳机会。

在三条蹄迹线上开始肩内（1），增大角度创造四条蹄迹线的肩内（2），然后改变弯曲成腰外（3）。马前进的方向不改变，只改变弯曲和屈挠。改变扶助，你发现自己站在马的外方。紧接着一个腰外的回转（4），并且当达到正确的角度时，可以沿着对角线开始斜横步（5）。在对角线末端马匹应当恢复正直，在三角形的隔角里做一个1/4的10米圈程（6）。在最后的对角线上，马应当走一条直线（7），在将要到达蹄迹线之前转换成肩内，再完成一个1/4圈程（8）完成三角形路线，在外方蹄迹线上结束。

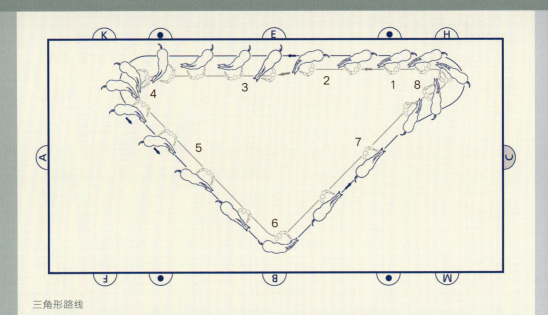

三角形路线

这一练习因操作者的位置在内方或外方，可以有多种三角形的路线。当你在外方时，可以实践以下组合：在长边上，把马从反肩内转换为腰内，在第一条边的末端定后肢旋转，然后允许马笔直走出去交叉过下一边，接着一个1/4圈程到第三个对角线，以斜横步完成。一个紧凑的腰内回转完成三角形路线。

重要的是在一条对角线上马是正直的，所以在侧向运动和回转之间不会丢失动力。

正方8字形

正方8字形是对正方形圈程工作的

延续。它对联系侧向运动和定后肢旋转是非常有帮助的。

从反肩内开始（1），但是角度不是很大——应当是三条蹄迹线上，这样才可以在反弯曲上（2）正确地执行定后肢旋转。

重要的是要确保马很好地向前，否则内方前肢将不能向前跨过另一条前肢，且马会失足或在外方前肢的后方交叉。在这之后马肩回到正方形的线上并正直（3）。在隅角之前，让马向远离你的方向弯曲，这样在隅角里的1/4圈程（4）为它准备好了在第三边上的斜横步（5）。

在这一边的末端抬起前肢并将它

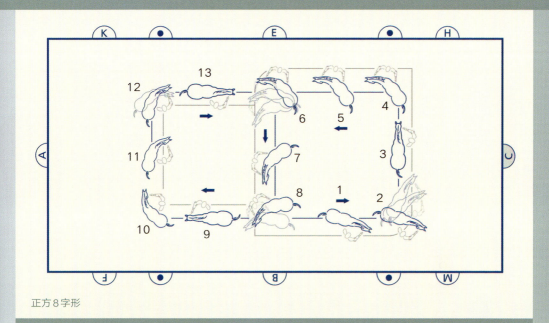

正方 8 字形

准备好围绕随即而来的内方后肢做 1/4 定后肢旋转（6）。接着在第四条边上做斜横步（7）。在这条边的末端控制好马肩，同时鼓励它的后躯参与，这样改变方向就可以进入腰外（8）。这一变化只能在 2～3 步中完成，这样马的身体就可以立即恢复正直（9）。

现在操作者站在方形的内方和马的内方。随即一个 1/4 圈程（10），准备好接下来的动作。你走出 1/4 圈程，让马肩稍微向内方（11）在这条边上产生了肩内。以肩内的姿势定在前躯上回转完成了下一个隅角（12）。再走一条笔直的线，就如愿以偿地完成了 8 字形的最后一条边。

利用整个训练场组合侧向运动

迄今为止学习的所有侧向运动都可以在整个场地上结合使用。其中部分可以拿出来结合到日常工作中。

为了避免所谓的"侧向综合征"，有的马丧失了走直线的能力，最具价值的必须从正直开始。这就是为什么所有动作的组合都包含马必须走直线。

从短边深入隅角（1）。马应当清晰地屈挠和弯曲，并流畅地进入肩内（2）。

所以你可以总是保证能够把马从外方蹄迹线上带离，在肩内之后走上短的对角线（3），在这里马保持正直，然

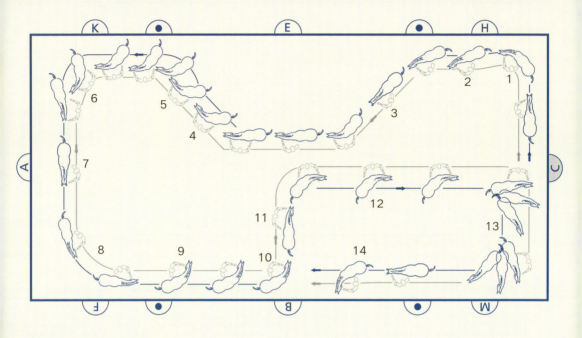

使用整个场地组合侧向练习

后远离操作者弯曲，以准备接下来的完美斜横步（4）。

从斜横步，转换为腰外（5）。马的前躯不应该接触到外方蹄迹线，而是向内方远离它。在接下来的腰外1/4圈程（6），马还是向操作者相反方向弯曲。它的后躯比前躯走出的圈程更大。第二个短边是用来再次使马匹恢复正直（7）。在下一个隅角中马应该向内方屈挠和弯曲（8），然后在长边上进入肩内（9）。

在B点（10）以一条直线转向场地内之后，以一个1/4圈程（11）来准备接下来的腰内（12）。在到达短边的外方蹄迹线之前保持这个动作，紧接着两个1/4定后肢旋转（13）在长边结束。

在长边上，在内方蹄迹线上让马恢复正直，并以一个反肩内结束这个练习（14）。

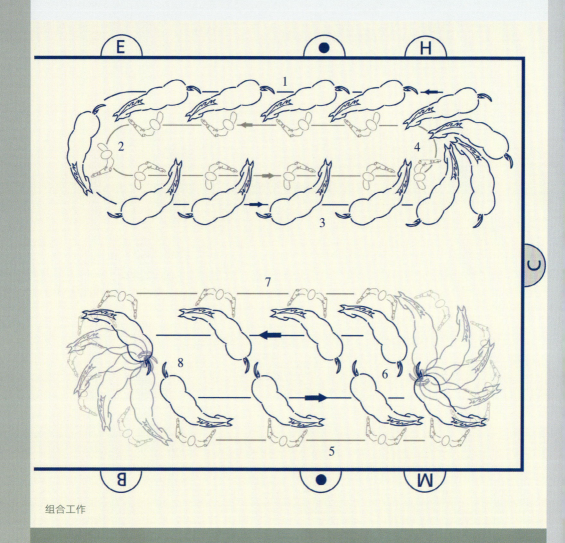

组合工作

组合工作

这里展示了使用侧向运动的更多组合。重点是不要忘记让马在练习的中间休息，以积极地慢步向前。

1.三条蹄迹线上的肩内；
2.10米直径半圈程；
3.四条蹄迹线的反肩内；
4.半圈程回转；
5.腰内；
6.定后肢旋转；
7.腰外；
8.定后肢旋转。

由于精心的准备，柔软的马可以完成所有的侧向运动。

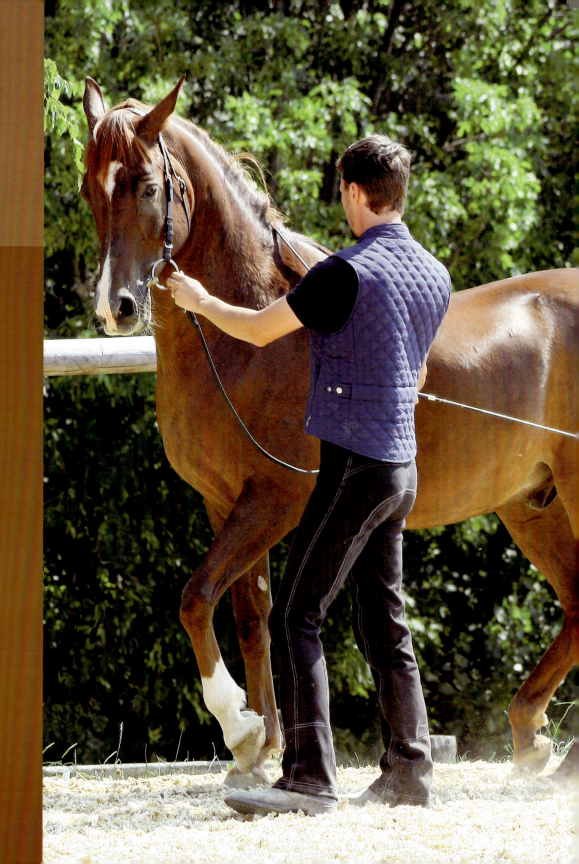

高级工作

表现和享受

　　持续的高级工作，使和马的沟通变得越来越细腻和微妙，缰绳上的扶助变得仅剩下一点震动。马将以自我乘载的方式向前。它的轮廓将变得越来越圆，并且它会坐在自己的后躯上。

　　马和驯马师在训练过程中将获得经验和一些惯例，很少出错，开始朝着收缩努力地工作。有大量的练习，要教会马更多地通过它的后肢工作，且抬起前肢。再一次强调，绝对不应该忘记高级练习不是为了练习本身而做，而是实现目的的一种手段。提高平衡允许马坐在它的后躯上，使前躯轻盈。在提高收缩的练习中，操作者的目标是实现马的价值。一个完美的皮亚夫（Piaffe，原地踏步）不一定是最终结果。不是每匹马的身体都适合做这个。最终，无论是在侧向工作还是高级收缩，马会沉浸在工作带来的愉悦之中，展现它的风采。

巴洛克马的平地训练

　　巴洛克马不是生来就坐在后肢上的——巴洛克品种也需要锻炼和发展用于收缩的肌肉。

　　步下调教是在练习收缩之前，适合训练马匹正直并且鼓励马去跟随缰绳向下的非常理想的工作。最终，由于巴洛克马的身体优势，它能使高级调教工作中的高级动作更加完美。

从慢步到快步的肩内转换

正确开始快步的时间点就是当马的外方后肢悬停在地面之上时。内方后肢是承重肢，并随即要向前深踏在身体之下。肩内中的屈挠和弯曲若是正确的，内方臀将在下一步降低，并给出后肢正确的方向。

操作者自己需要自信地慢步向前，给出声音指令，并用鞭子来鼓励它的内方后肢深踏。同时鞭子建立使马进入快步的张力。

转换

为了增加侧向运动的效果，可以在工作中引入从慢步到快步的转换。

快步中的侧向运动

当进入快步侧向运动时，绝不能改变角度。在快步中，马应该保持和慢步中一样的动作质量。重点注意在新的步伐中马最先动用了哪一条后肢。在肩内和反肩内中，内方后肢应当最先被激活；在腰内、腰外和斜横步中，是外方后肢。

在这一阶段，声音指令是要求马

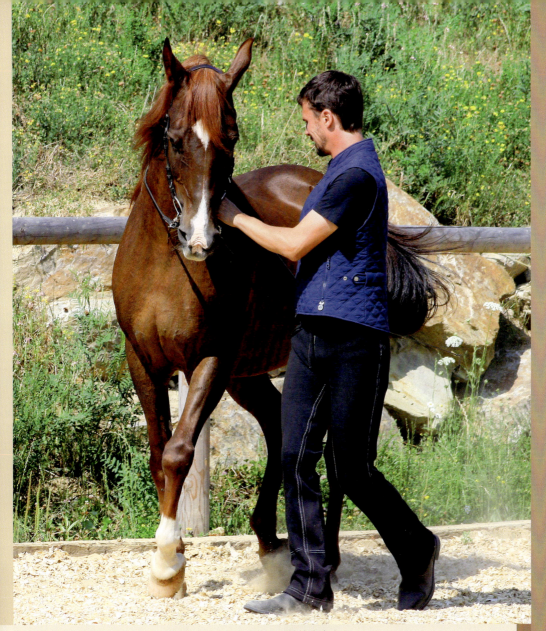

这时对角肢向前踏步，并且马保持着它的弯曲和屈挠，开始快步肩内。

进入快步的唯一扶助。鞭子可以用在恰当的后肢上，来支持声音指令。声音指令的时机很重要，这样马就会在后肢快要向前摆动时开始快步。

这意味着它的臀部位置摆放正确，才能确保侧向运动维持不变。

向下转换

必须仔细观察从快步到慢步的肩内转换。快步是两个节拍的步伐，意味着对角肢必须规整，并以一定顺序的方式运动。

①

从快步到慢步的肩内转换

为了这个转换的准备工作已经完成——马在一个规整的快步中摆动，内方后肢向前运动，但是准备好了转换到慢步。最后的半减却将马保持在它的内方后肢久一点儿，这样它就可以进入慢步了。

②

这里的慢步是明显可识别的。操作者的手以一个稍低的位置跟随着马头，因为慢步的身体框架会比快步要稍长一点儿。手应当允许马的脖子在转换时伸展出去。需要保持肩内的屈挠和弯曲，并允许内方后肢在转换中踏进身体之下。

马匹的步下调教

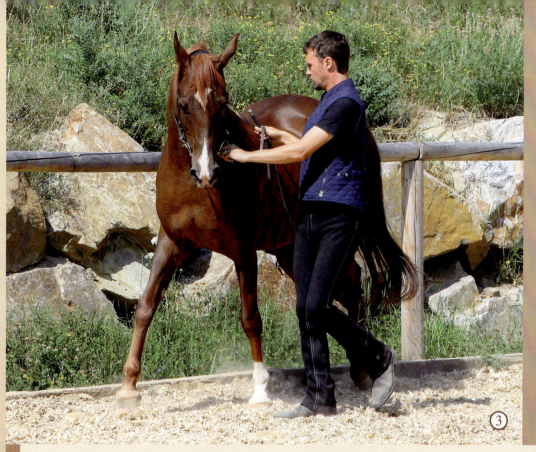

③

慢步的节奏建立好了，马保持着肩内的姿势，继续慢步。很重要的一点，在转换过程中，内方缰不能往后拉，因为这可能引起马头倾斜。图片展示了内方缰绝对不可以往后拉，而是支持外方缰。

正确的转换瞬间是内方后肢离开地面的时候。这时，运动的感觉没有变化，并且可以继续慢步肩内。半减却包括了大量组合。外方缰帮助马准备了慢步——小而温柔的半减却获得了马的注意力，内方缰也可以轻轻地拿起来，确保它的弯曲没有改变。接着给出声音指令，操作者的上身向上向后伸展。声音也可以用来强化外方缰的提示。

摆动

还有一个练习收缩的工作就是摆动（又被称为摇滚或跷跷板）。为了获得这个练习的最大收效，马需要能够满足以下前提条件，才能达成这个练习：

（1）调教慢步；

（2）收缩立定；

（3）后退。

摆动是一种前后交替的动作，在适当的时候可以形成，这样在后退时马的重心就会后移到后躯，然后利用它们向前运动。

操作者需要不断地改善自己的肢体语言，最终只要稍微向后提起上半身就可以要求后退。上半身向前移动会使马向前运动。如果你缩短了向前向后动作之间的时间，那么你就可以在原地开始运动——皮亚夫（原地踏步）。

1. 谨慎的慢步

步下调教的体操运动里的一个里程碑，是一个非常缓慢的调教慢步。每一步都必须由操作者控制和决定，与马在缓慢和坚定之间达成一致。

接下来马必须学会跟随缰绳上最小的压力放慢它的节奏。操作者的手应当几乎不震颤缰绳——既不多，也不少。这些小的信号捕获了马的注意力；最初它会以为要求停止并随即做出反应。鞭子应当用来继续它向前运动，并且清楚地表明它应当放慢节奏且不可改变步伐——这两者之间有细微的差别，而且程度也会因马而异。

这种震颤必须是最小的，操作者几乎只是在"颤抖"，用他的小臂向衔铁发出细微的信号，从下到上，这样马的框架也会上升，而行走速度会减慢。

通过这种方式，马学会了识别非常微妙的扶助，抬起并稳住前躯。

关于慢步的第二个部分是以后躯慢步为目的。在一开始，如果马试图停下来，减慢它的慢步速度，但不站定，就足够让马继续前进了。这就是鞭子最开始的工作。

一旦马理解了缰绳扶助，并能迅速而轻松地做出反应，驱动作用的鞭子扶助就显得更为重要了。现在是时候从后躯创造更多的活力了。鞭子的使用方式和前面提到的缰绳扶助一样，通过震颤来激活它的臀部—这不是触及单条腿的问题，而是激活整个后躯。一旦马做出反应，它后躯的节奏增加，就应该停止使用鞭子，并对马给予表扬。最开始一到三个积极的步伐就足够了。如果马的反应过于向前，你在缰绳上就会感觉得到。这个声音就应该用来使马平静下来，同时增加缰绳上振动的力度，直到马恢复较慢的慢步。

一开始你需要对马有足够的耐心，直到它明白你要求它做什么，但很快你就能在它所有的练习内容中数出调教慢步的步伐。

2. 收缩慢步

一旦学会了调教慢步，做出的立定就是收缩立定。如果没有做出，在它理解缰绳朝它的嘴角向上做出扶助的时候，可以在立定中抬高轮廓。理想情况下，收缩立定就应从收缩慢步中出来。

3. 后退

从收缩立定开始，操作者只需简单地将上身略微转向马，使用与慢步中一样的小的半减却，并指示新的运动方向。

你的腿应当稍微张开些，这样你可以正确地转换你的重心。从这一动作

马匹的步下调教

从调教慢步…

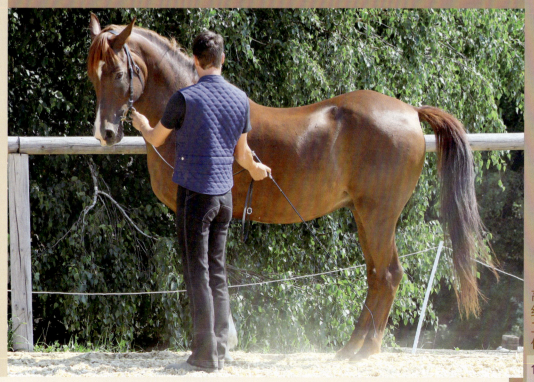

…来到立定：一个导向另一个。

对于摆动训练来说，操作者的肢体语言是最重要的扶助。在收缩慢步中你可以识别基础姿势，即便在这一阶段鞭子是水平拿着的，这样正确的张力程度就形成了。操作者的身体是朝向马的。

要求一到两步后退。因为马已经学会了声音指令，应当用以支持。在后退中，马头绝对不能被压迫到垂直面之后。它应当将自己的重量转移到后方，而不只是急匆匆地向后退。

目标

一旦马学会了这三步，那么它就准备好了摆动训练。它的前躯应当轻盈，不需要挤压就做到收缩。预备练习是非常适合让马坐在后躯上的，同时也能保持自我乘载。由于收缩后退，马的平衡被更多地转移到了后躯，并在轻盈地抬起前躯时寻求更多，这将很快变成事实，支持着整个身体的肌肉发展。

在操作者和马匹间日益精细地交流之中出现了一个更远大的目标。扶助要减轻到最小。

与学习平衡一样，摆动训练它的专注力。马要识别出操作者发出的最小指令，并做出响应。另外，操作者需要学会控制自己的身体，并保证不随意给出无目的性的信号。

后退，现在应该足以让操作者的上身朝着所要求的运动方向移动。衔铁上的扶助必须精确，但要轻而微妙。由于他站姿比较宽，操作者可以向前或向后转移他自己的重量。马也必须能够转移自己的重量。只需要走几步，鞭子就能让马再次前进。

操作者的上身发出向前的信号，鞭子使马的后躯活跃起来，同时衔铁过滤掉马向前的冲动和多余动力。后躯以缩短的步伐向前迈进。紧随其后的是立定、后退和前进。随着时间的推移，转换之间的间隔会变得越来越短，所以这个动作几乎在原地发生，皮亚夫（原地踏步）就不远了。

展　望

下一步去哪里?

当你阅读完这本书时，你便有了基本的知识来丰富和改善你的马的生活。健康是生命中一项最重要的指标——不仅对我们来说如此，对马来说亦如此——通常做很少的一点儿事情就能带来很大的不同。

早在罗马时代，人们就知道健康的心智只存于健康的身体中。而这正是在步下调教的帮助下可以实现的。从骑手的重量下解脱出来，马可以被精确地训练成希望的样子，不需要特殊的天赋来学习这项工作，却可能产生惊人的结果。

一旦学习了基本的课程并能够执行，在骑乘中做这些就不是什么难事了。马的表情、骄傲和尊严是不能被触碰的，这种已经达到的和谐将在骑乘工作中延续。

如果你专注于保存已经获得的理解，马场就变成了一个游乐场，一个

在步下调教中学会的斜横步也可以充满表现力地被骑乘出来。

头脑受过体操训练的马常常可以在前进中发挥自己的力量。

让马匹和骑手都有家的感觉的地方，一个马匹健身中心，在那里没有有竞争力的骑手，也可以享受骑乘斜横步的愉悦。

通常一匹马的训练达到一定水平后会停滞。只有优秀的马才有潜力完成高级调教和侧向运动。那些无法担负起帮助这样有潜力的马匹的业余骑手，往往会选择放弃，他们会遵循"坚持你觉得舒服的东西"的原则。尽管如此，还是需要一种可以很容易遵循的训练方法，可以帮助支持和改善你的马，而不超过你自己或你的马的能力。

在收缩动作中。完美不是所有，还需要表现力。

去往未知高度的热情

这里形容的步下调教是不使用训练扶助或小道具的。作为驯马师，道路是漫长的，你有机会识别你的马的确切优势和弱点，并与之相应地做出回应。

马的构造和它的心智决定了它的训练应选择的道路和方向。任何一匹马都能学会侧向运动，而且从中受益，但某些马可能难以触及收缩动作。

在马接受教育的过程中，就会清楚哪些训练适合它，哪些训练有困难。在任何情况下，由于在理解的基础上非强迫地工作，任何一匹马都会被允许展示它潜在的才能。

最大的挑战是开始。基础工作将决定它的成败。步下调教出的马越好、越通畅，接下来的练习就会越容易。投入的每一个小时都不会浪费，而是为了改进创造身体和精神的先决条件。

你自己的马可能无法创造高级动作的奇迹。它也不需要这样，因为事实上，这不是大自然——或者说是繁育——赋予的惊人天赋的问题，而是每匹马内心的东西：表现、热情和自己运动时的喜悦。

每匹马都在自己的限制范围内学习，以达到一定程度的灵活性和柔韧性，这可能会使它达到意想不到的高度。在步下调教中培养出来的热情和激情，迟早可以在马的面部找到。

每个人都会犯错，这并不丢人。步下调教的最大优点就是你能更快地认识到这些错误。你的视野中有整匹马，你不能只依靠感觉。当你坐在马鞍上，却从来没有骑乘出一个正确的肩内，很难知道什么时候是正确的。即使有经验丰富的教练的支持，侧向运动依然会给马和骑手带来很大的问题。此外，大部分时间你都是独自学习，猜测取代了正确的知识。

步下工作则完全不同。你可以看到马的肩膀、角度和弯曲，通过后躯的活力，立即纠正马和操作者的错误。

尽管每匹马都不一样，通过不断努力改善平衡，进步会更快。在有些人看来，这可能是一段精彩的斜横步，而在另一些人看来，这可能是一种有表现力的皮亚夫或收缩跑步。即使是最简单的转弯，也能让马变得灵活。

出于明显的原因，伸长快步不属于步下调教工作，因为操作者跟不上。尽管如此，这里描述的工作创造了改进的平衡，伸展的能力也得到提高。作为会受惊飞跑的动物，后躯的推动力是每匹马与生俱来的一部分，而通过体操锻炼可使其体重更多转移到后躯来提高这种能力，并能极大地提高速度。

被恶劣骑乘或被宠坏的马，由于肌肉的重新训练，可以获得一种平衡感，让它们再次自信地承载骑手的重量。由于肌肉阻塞引发的疼痛而产生的阻力消失了。步下调教工作并不能担保一匹马的健康，但却可以帮助你的四条腿的朋友维持健康。

高级马匹的未来训练

收缩侧向运动

从调教慢步开始，到持续的收缩训练结束，不需要手强力地控制。在收缩慢步或快步中的侧向工作对马的整个肌肉组织会产生影响。

背线会逐渐形成，随着时间推移形成一个从肩隆到项部的完美圆润的轮廓，并有真正坐在后躯上的能力。

进一步转换

从立定到快步的转换，或者从后退到快步和立定之间的转换，加强后躯并将向前的推力变成一种能承载更多重量的能力。

马积极的张力和肌肉状态会增加，它会获得活力。

皮亚夫

摆动练习可以发展成收缩快步，收缩快步可以转变成皮亚夫。立定和快步之间的转换也可以引导去这个方向。

收缩跑步

如果马在一个回转上跑步，然后跑向直线，一匹柔软的马也可以步下调教练跑步。在跑步中，马必须将它的重量重新放在它的后躯上，以免给操作者造成太多的困难。

莱瓦德（Levade）

对于任何马来说，将体重转移到后躯的最终结果就是莱瓦德。在这一课中，马必须能够用后肢承载它全部的重量。

引 导 者

马尔科姆的故事

本书的最后一部分献给一匹证明了步下调教工作实用性的马。

马尔科姆是纯正的阿拉伯马，年轻时有许多问题。在它3岁的时候，还没有人骑乘，就已经形成了背部过分下凹的问题。

尽管进行了详尽的检查，但原因始终无法确定。许多兽医都给出了明确的意见：马尔科姆永远不能用于骑乘，因为它背部承受不了压力。

为了让它过上舒适的生活，并可能有一天被骑乘，医生给它开了类固醇治疗药物并用侧缰打圈的处方。

两者都没有得到预期的结果，且事实恰恰相反。到它4岁的时候，马尔科姆经历了腰椎和臀部的严重疼痛，由于它的背部过度下凹和缺乏某种支持肌肉组织，导致严重拉伤。

营救和转变

多亏了一位经验丰富的兽医用脊椎疗法和针灸治疗，最严重的疼痛得到了缓解，马尔科姆可以过上没有疼痛的生活。与此同时，它的工作开始时，还进行了步下的体操练习，这对它的全面康复至关重要。马戏团的课程完善了这项工作。

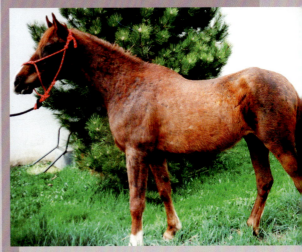

马尔科姆4岁的时候。

无论是在打圈...

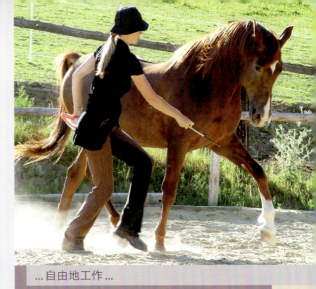

...自由地工作...

这种循序渐进的训练取得了惊人的成功。马尔科姆不仅告别了疼痛，几个月后，它也足够强壮了，可以被温柔地骑乘慢步。它的肌肉越来越结实，动作也更加稳健了。背部凹陷还是存在，但它被下方坚固的身躯支撑着。

在这之前，马尔科姆一直是一匹内向的马，身体上也压根没有准备好应对收缩的工作。马尔科姆微薄的自尊和它在群体中低下的地位没能使它明显成为高级调训工作的候选人。

...步下...

尽管如此，侧向工作让它进入了一个它感到越来越舒适的世界里。耐心和时间——这两个训练中必不可少的要素——让它的肌肉逐渐增加，让它开始收缩。

从这里开始，事情发展得很快。一个月过去了，马尔科姆对自己更有信心了，在工作中也更具表现力了。由于收缩练习，它的背线发展，变得越来越强壮，享受着在步下和鞍下都充满自信的马生。从这样一匹内向的小阿拉伯马，成长为一匹出色的、安全、自信的马，尽管它背部下凹，它还是能够在高级调训工作中找到自己的一席之地。

在它的职业生涯中，马尔科姆学会了鞠躬、行屈膝礼、坐下和躺下。西班牙慢步已经成了它的最爱，这让它的前躯变得非常轻盈。

在此，我要感谢这匹特别的马。正是它的非凡转变激发我写了这本书，我也希望其他马能追随它的脚步，走向健康和自信。

...在骑乘中：马尔科姆已经变成了一匹健康和骄傲的马。

图书在版编目（CIP）数据

马匹的步下调教/（德）奥利弗·希尔伯格著；陈
荟吉译．—北京：中国农业出版社，2022.9
书名原文：Schooling Exercises in-hand：Working
towards suppleness and confidence
ISBN 978-7-109-29756-2

Ⅰ.①马…　Ⅱ.①奥…②陈…　Ⅲ.①骑术　Ⅳ.
①G882.1

中国版本图书馆CIP数据核字（2022）第131577号

全球中文版权人：Helen Cui
合同登记号：图字01-2022-3901

中国农业出版社出版
地址：北京市朝阳区麦子店街18号楼
邮编：100125
责任编辑：张艳晶
版式设计：杨　婧　责任校对：吴丽婷
印刷：北京缤索印刷有限公司
版次：2022年9月第1版
印次：2022年9月北京第1次印刷
发行：新华书店北京发行所
开本：720mm×960mm　1/16
印张：10
字数：170千字
定价：198.00元